有机化学实验

主　编：王迎春　彭志远　李佑稷
副主编：彭晓春　李志平　章爱华
汤森培　金　城　唐　石

吉林大学出版社
·长春·

图书在版编目(CIP)数据

有机化学实验 / 王迎春，彭志远，李佑稷主编 .—
长春 : 吉林大学出版社， 2022.1
ISBN 978-7-5692-9909-0

Ⅰ. ①有… Ⅱ. ①王… ②彭… ③李… Ⅲ. ①有机化学—化学实验—高等学校—教材 Ⅳ. ① 062-33

中国版本图书馆 CIP 数据核字 (2022) 第 017435 号

书　　名：有机化学实验
　　　　　YOUJI HUAXUE SHIYAN

作　　者：王迎春　彭志远　李佑稷　主编
策划编辑：邵宇彤
责任编辑：高欣宇
责任校对：陈　曦
装帧设计：优盛文化
出版发行：吉林大学出版社
社　　址：长春市人民大街4059号
邮政编码：130021
发行电话：0431-89580028/29/21
网　　址：http://www.jlup.com.cn
电子邮箱：jldxcbs@sina.com
印　　刷：定州启航印刷有限公司
成品尺寸：170mm×240mm　16开
印　　张：13
字　　数：221千字
版　　次：2022年1月第1版
印　　次：2022年1月第1次
书　　号：ISBN 978-7-5692-9909-0
定　　价：49.00元

前 言

有机化学是大学化学实验的重要组成部分，学生通过参与实验，不仅能够加深对有机化学基础知识的认识，还可以培养实验技能与实验素养。

本教材以大学有机课程为基础，以培养学生的实验技能与实验素养为目标，将有机化学实验分为有机化学实验的一般知识、有机化学实验基本操作、有机化合物的制备、天然有机化合物的提取与有机化学实验技术五个部分。

有机化学实验的一般知识包括有机化学实验室安全知识、实验室常用仪器与设备、实验预习、实验记录和实验报告的基本要求等内容，旨在使学生了解有机化学实验的相关基础知识，为学生顺利进行有机化学实验打下良好的基础。

有机化学实验基本操作包括加热与冷却、干燥与干燥剂、蒸馏与沸点的测定、减压蒸馏、水蒸气蒸馏、简单分馏、萃取、重结晶、升华、熔点测定、折光率处理、旋光度测定等内容，旨在让学生掌握有机化学的基本操作以及一些仪器的使用方法，使其初步具备有机化学实验技能。

有机化合物的制备包括二十余个有机化合物制备的实验，如环己烯、溴乙烷、三苯甲醇、正丁醚、正丁醛、环己酮、甲基橙等，旨在进一步锻炼学生的实验技能，并学习有机化合物合成的原理与实验操作。

天然有机化合物的提取包括从茶叶中提取咖啡碱、从烟草中提取烟碱、从橘皮中提取果胶、类胡萝卜素的提取、从槐花米中提取芦丁、从红辣椒中分离红色素等内容，旨在让学生学习如何从一些天然物质中提取天然化合物，并进一步培养学生的实验素养。

有机化学实验技术包括无水无氧操作技术、色谱技术、微波合成技术等内容，旨在让学生初步了解有机化学实验中常用的一些实验技术。

在编写本教材时，笔者力求框架完整，内容简洁明了，但鉴于作者水平有限，难免存在纰漏或不足之处，恳请广大教师、读者与学生指正。

目　录

第 1 章　有机化学实验的一般知识

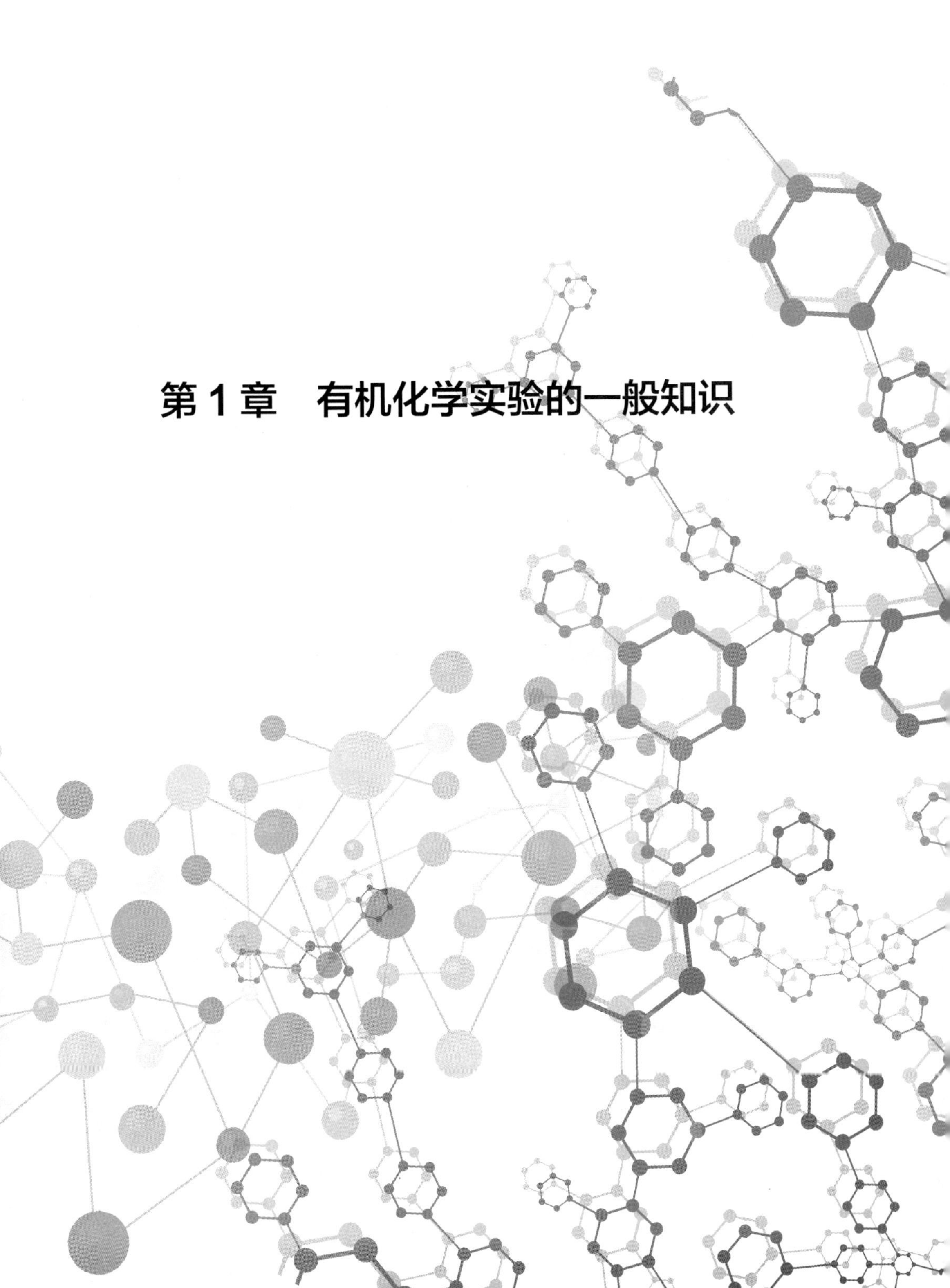

1.1 有机化学实验室安全知识

1.1.1 有机化学实验室规则

为确保实验顺利、安全地进行，培养严谨、科学的实验态度，学生在实验课开始之前需要了解并严格遵守实验室规则。

（1）进入实验室之前，需认真做好实验的预习工作，明确实验目的，掌握实验原理和方法，厘清实验思路和整体流程，了解本次实验所涉及仪器的使用方法与药品的性质、潜在的危险，以及注意事项，写好预习报告。

（2）开始实验之前，首先要检查实验药品与仪器是否齐全，如果发现有缺少的，需要补齐；然后检查仪器是否干净、干燥、完整无损，如果发现有污物或水珠，需要洗净和做干燥处理，如有缺损（影响实验），则应更换。

（3）在实验过程中，要严格遵守实验室的安全守则，服从教师与教辅人员的指导。严格按照实验步骤进行实验，不得擅自修改实验方案。称取或量取药品时，要严格按照规定进行，药品取用后，要及时盖好瓶盖并将药品平放回原处。仪器装置安装完成后，要再次进行检查，在确保仪器装置连接无误后，方可开始实验。实验中要专心致志，仔细观察并及时记录实验现象。同时，要保持实验台面的整洁与有序。

（4）实验结束后，要及时清洗实验仪器，并将其放回指定的位置。实验中产生的废液、废渣和回收溶剂应该倒入指定的废液桶、废渣桶和溶剂回收瓶中，并按照环保部门的政策法规统一处理。

（5）实验结束后，要及时整理实验记录，撰写实验报告，并按时交给实验教师审阅。

（6）在进入实验室时应穿实验服，不得穿拖鞋、短裤、裙子以及裸露皮肤的服装。

（7）严禁在实验室内饮食、吸烟，或者把餐具带入实验室。实验完毕，必须洗净双手。

1.1.2 有机化学实验室安全守则

在有机化学实验中，常常会使用一些易燃、易爆的药品，如操作不当容易引发各种危险，所以学生在进入实验室之前，必须了解并严格遵守实验室安全守则。

（1）使用危险药品时要谨慎操作和处理。对于易燃、易爆药品，要严格遵守使用规则，远离火源；使用腐蚀性药品，如浓酸、强碱时，切勿接触皮肤；使用有毒性药品时，需在通风橱中进行操作，切勿接触皮肤和伤口。

（2）量取或称取药品时，称量过多的药品应放入指定的容器中，不能随意倾倒，实验结束后的反应液也应按照规定倒入指定的容器内，以免污染环境。

（3）连接仪器装置时切勿急躁，如遇到塞孔过紧，玻璃管不易插入的情况，切勿强行塞入，可涂抹少许甘油，旋转插入，且操作时两只手尽量靠近，避免玻璃管突然碎裂将手戳伤。

（4）装置连接完成后，要认真检查装置连接是否正确、仪器使用是否正确。比如，有些反应需要使用水浴加热，如忘记水浴，则容易引起爆炸事故。

（5）在使用电器设备时，不要用湿的手、物接触电源，防止触电。实验结束后，应先切断电源，再进行后续的操作。

1.1.3 有机化学实验室事故的预防

1. 火灾的预防

有机化学实验室中经常使用易燃溶剂，如乙醚、乙醇、丙酮等，这些药品若使用不当，就有可能引起着火、烧伤，甚至爆炸等事故，所以学生需要掌握如下几点防火的注意事项。

（1）不能用烧杯或敞口的容器盛装易燃或易挥发的液体，加热时要根据化学药品的性质和实验要求选择适宜的加热方式，注意远离明火。如溶剂沸点低于 80 ℃，则应选择水浴加热。

（2）在使用易燃、易挥发溶剂时，应尽量防止或者减少易燃蒸气的外溢，注意室内通风，远离明火，及时将易燃蒸气排出。

（3）易燃易挥发的反应液不能倒入垃圾桶或废液缸中。含有钾、钠等易燃金属的残液，要进行专门的处理回收。

（4）蒸馏与回流操作中，要在烧瓶中放入数粒沸石，防止溶液爆沸冲出瓶外。蒸馏易燃有机物（特别是低沸点易燃溶剂）时，应严格检查装置的气密性，使接引管支管与橡胶管相连，将余气口通往水槽或者室外。如果在反应中发现装置漏气，则要立即停止加热，检查原因，待问题解决后方可继续实验。加热时不宜过快，严禁直接加热。

2. 爆炸的预防

有机化学实验中，爆炸的预防措施有如下几点：

（1）常压蒸馏时，装置连接不能形成密闭的环境，所以要经常检查仪器各部分有无堵塞现象，若有则容易引起爆炸。减压蒸馏时不能选用锥形瓶、平底烧瓶等不耐压容器作为反应瓶或接收瓶，应选用圆底烧瓶，否则容易因为反应瓶或接收瓶不能承受过高的压力而发生爆炸。必要时要戴上防护面罩或者防护眼镜。

（2）有些化学物如过氧化物、干燥的金属炔化物，在遇到剧烈振动或受热时易发生爆炸，使用时要严格按照规范进行操作。

（3）反应过于剧烈也容易引起爆炸，所以在实验过程中要根据具体情况采取冷却或控制加料速度的方式缓和反应，避免爆炸的发生。

3. 中毒的预防

化学药品通常具有一定的毒性，有机化学实验室中药品种类繁多、挥发性强的有机试剂和各种无机试剂更具有危险性，所以学生在使用药品前，须注意如下几点，以防中毒。

（1）实验室中的剧毒药品应妥善保存。

（2）称取任何药品都应使用工具，不能用手直接接触，尤其不能接触有毒的化学药品。使用时应佩戴橡胶手套，使用完毕后需将药品严密封存，放到指定位置，并及时洗手。一旦药品沾或溅到皮肤上，要立即用大量清水冲洗。

（3）使用可能产生有毒气体的化学药品时，或者化学反应会产生有毒气体时，应在通风橱中进行操作，也可以使用气体吸收装置吸收有毒气体，尽可能避免有毒气体在实验室内扩散。

4. 触电的预防

使用电器设备时，应避免与电器的导电部分直接接触，不能用湿手插拔电源。实验结束后，要先切断电源，再进行后续的操作。

实验室中常见的危险品标识，如图 1-1 所示。

图 1-1　实验室中常见的危险品标识

1.1.4 有机化学实验室事故的处理

1. 火灾的处理

如果实验室发生了火灾，千万不要惊慌失措，手忙脚乱地去灭火，应该沉着冷静地处理，防止火情蔓延。距离火源较近的人应立即切断电源，移开火源周围的易燃物；较远处的人应立即根据燃烧物的性质和火情的大小选择合适的灭火设备，火情较小时可使用湿抹布、灭火毯、沙土等进行灭火，火情较大时则应选用灭火器灭火。

实验室中常用的灭火器有三种：二氧化碳灭火器、泡沫灭火器、干粉灭火器。二氧化碳灭火器中的药液成分为液体二氧化碳，主要适用于各种易燃、可燃液体，可燃气体火灾，还可扑救仪器仪表、图书档案、工艺品和低压电器设备等的初起火灾。泡沫灭火器中的药液成分为水成膜泡沫灭火剂和氮气，主要适用于扑救各种油类火灾、木材、纤维、橡胶等固体可燃物火灾，不能用于可燃液体、电器设备以及遇水燃烧物。干粉灭火器中的药液成分为碳酸氢钠等盐类物质，适

用于扑救各种易燃、可燃液体和易燃、可燃气体火灾，以及电器设备火灾。

有机化学实验室发生火灾时切忌用水灭火，因为很多有机物的密度比水小，其会漂浮在水面上继续燃烧，起不到灭火的作用；而且液体燃烧时温度较高，遇水容易发生溅射，反而会引起更大的事故。

2. 化学药品灼伤的处理

在化学实验操作过程中，如果不小心被化学药品灼伤，根据不同的灼伤情况，可采取下列方式做紧急处理。

（1）酸灼伤的紧急处理

若酸溅（沾）到皮肤上，要先用大量水冲洗，然后用 3% ～ 5% 的碳酸氢钠溶液冲洗，最后再用水冲洗。如果情况比较严重，则需要对灼烧面做消毒处理，并涂抹软膏，送医救治。

若酸溅到眼睛中，要先用试验台上的洗眼设备冲洗，然后用 1% 的碳酸氢钠溶液冲洗。如果情况比较严重，则应冲洗后立即送到医院就诊。

（2）碱灼伤的紧急处理

若碱溅（沾）到皮肤上，要先用大量水冲洗，然后用 1% 的醋酸冲洗，最后再用水冲洗。如果情况比较严重，则需要对灼烧面做消毒处理，并涂抹软膏，送医救治。

若碱溅到眼睛中，要先用大量水冲洗，然后用 1% 的硼酸溶液冲洗，最后再用水冲洗。如果情况比较严重，则冲洗后立即送到医院就诊。

3. 中毒事故的处理

当有毒性的化学药品溅入口中时，应立即吐出，并用大量的清水漱口；如果药品已经在口腔中溶解或者皮肤、呼吸道已经接触到有毒药品，则应根据药品的性质进行紧急处理，并立即送往医院就诊。

（1）腐蚀性化学药品中毒。如果是强酸，应先饮用大量的清水，然后服用鸡蛋白、氢氧化铝膏；如果是强碱，同样先饮用大量的清水，然后服用乙酸果汁。情况严重者应及时送医救治。

（2）吸入有毒气体。应立即将中毒者转移到室外，并解开衣领。若吸入的有毒气体为氯气或溴气，则可用碳酸氢钠溶液漱口，然后用清水漱口。情况严重者应及时送医救治。

（3）刺激性及神经性毒物。可先服牛奶或鸡蛋白使之缓解，然后用手指按压舌根促使呕吐，或者用约 30 g 硫酸镁溶于一杯水中服用催吐，随即送往医院。

4. 玻璃割伤的处理

割伤是实验室常见的事故。一般容易造成割伤的情况：装配仪器时用力过猛、装配仪器时着力点为连接部位、玻璃折断面未进行钝化处理、仪器口径不匹配而勉强连接。

为避免出现玻璃割伤的情况，应注意以下几点：使用玻璃仪器时，切忌施加过大的压力；需要连接玻璃管与玻璃塞或胶管时，用力点不要离塞子太远；若遇到不易插入的情况，可涂抹少许甘油或蘸少量水，戴手套或者用布裹住旋转插入；装配仪器时注意连接口径是否配套。

如果发生玻璃割伤，应先清理伤口处的玻璃碎片，然后用蒸馏水或生理盐水清洗伤口，涂抹碘伏，最后用纱布包扎好伤口；如果在清理伤口处的玻璃碎片时，感觉有玻璃碎片扎入较深不易清理，应在简单包扎后去医院做进一步处理。如果玻璃割破静（动）脉血管，血流不止时，应先做止血处理（在伤口上方 5 ～ 10 cm 处用纱布扎紧），然后立即送往医院。

1.1.5 急救用具

（1）消防器材：二氧化碳灭火器、泡沫灭火器、干粉灭火器、灭火毯、沙土等。

（2）急救药箱：绷带、棉签、药棉、橡皮膏、医用镊子、剪刀、碘伏、凡士林、白纱布、烫伤药膏、70% 酒精、3% 过氧化氢、1% 醋酸溶液、1% 硼酸溶液、1% 碳酸氢钠溶液等物品。

1.2　实验室常用仪器与设备

1.2.1 玻璃仪器

1. 常用玻璃仪器

玻璃仪器是化学实验的主要工具，使用过程中应小心谨慎，尽可能避免玻璃

仪器发生破损。实验室中常用的玻璃仪器有普通和标准磨口两种，常用标准磨口仪器如图 1–2 所示。

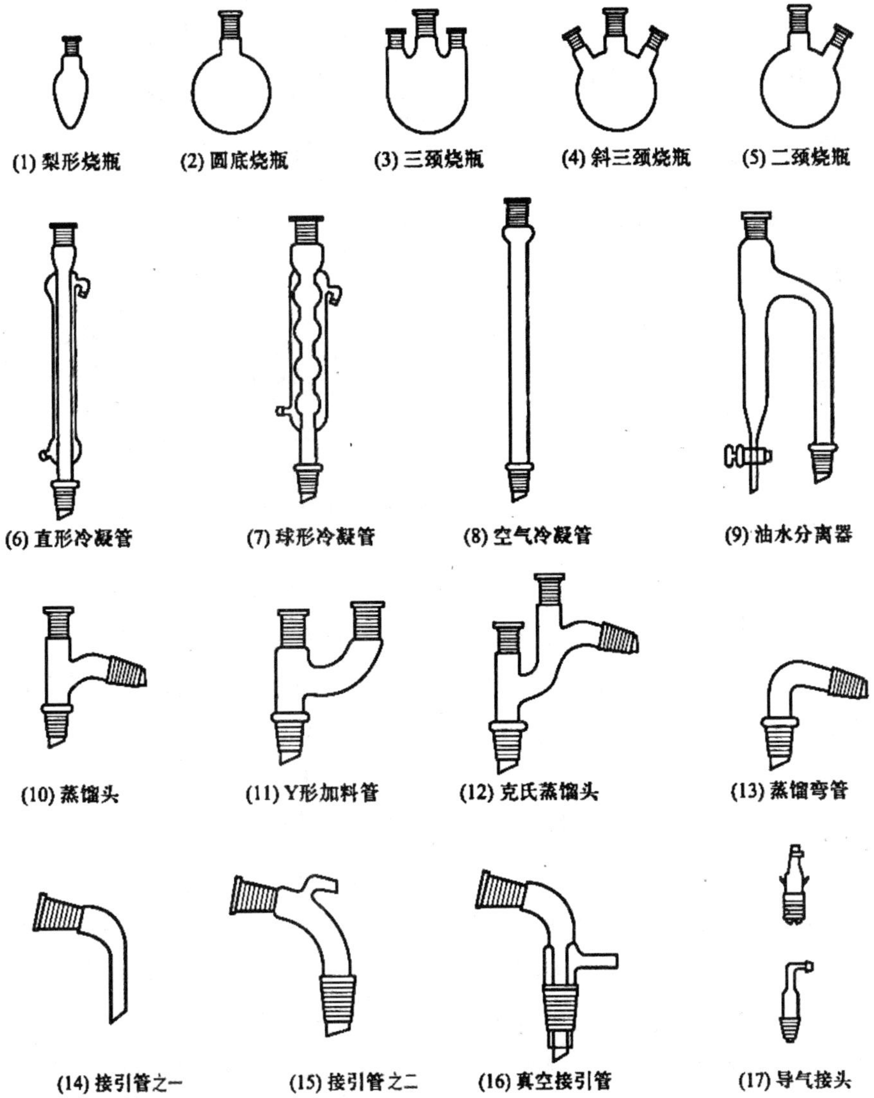

(1) 梨形烧瓶　(2) 圆底烧瓶　(3) 三颈烧瓶　(4) 斜三颈烧瓶　(5) 二颈烧瓶

(6) 直形冷凝管　(7) 球形冷凝管　(8) 空气冷凝管　(9) 油水分离器

(10) 蒸馏头　(11) Y形加料管　(12) 克氏蒸馏头　(13) 蒸馏弯管

(14) 接引管之一　(15) 接引管之二　(16) 真空接引管　(17) 导气接头

图 1–2　实验室常用标准磨口玻璃仪器

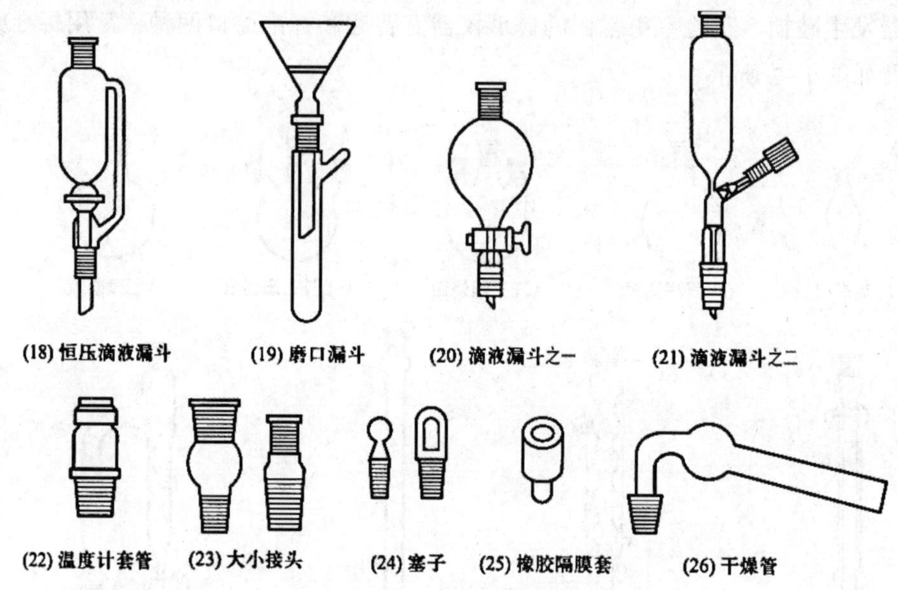

图 1–2　实验室常用标准磨口玻璃仪器（续）

2. 常用玻璃仪器的洗涤

为了防止杂质混入有机化学反应，实验所有仪器必须清洁干燥。在玻璃仪器洗涤的过程中，应根据玻璃仪器中污物的性质与污染的程度选择适宜的洗涤方法。每次实验结束后，应当立即清洗使用过的仪器，因为实验者当时比较清楚污物的性质，容易用合适的方法去除，使清洁工作简单有效，确保此次实验不对下次实验产生影响。有机化学实验中，常用的玻璃仪器洗涤方法有如下几种。

（1）水洗。如果污物可溶于水，用自来水洗涤即可。为了加速污物在水中的溶解，洗涤时应进行振荡，即向玻璃仪器内注入不超过容器 1/3 的水，然后稍稍用力振荡并将水倒出，反复数次。如果污物附着于玻璃仪器内壁上，可用长柄毛刷轻轻刷洗，重复数次，便可将污物去除。去除污物后的玻璃仪器再用蒸馏水冲洗 2 ～ 3 次，当仪器倒置，器壁不挂水珠时，即表明已经洗净。

（2）用去污粉或洗涤剂洗涤。对于不溶于水或者用水不能清洗掉的污物，可以用毛刷蘸取适量的去污粉或洗涤剂轻轻刷洗，重复数次，并用自来水冲洗，最后用蒸馏水冲洗 2 ～ 3 次。

（3）用洗液洗涤。有些污物用洗涤液或去污粉也很难洗掉，或者某些玻璃仪

器清洁难度较高（如移液管、滴定管等），这时就需要用洗液洗涤。有机化学实验中常用的洗液有如下几种：

①铬酸洗液。铬酸洗液是实验室中常用的一种洗液，使用时将少量铬酸洗液倒入（或吸入）玻璃仪器中，然后将仪器倾斜并慢慢转动，使铬酸洗液能够将玻璃仪器的内部润湿，转动数圈后再将洗液倒回原瓶。如果玻璃仪器污染比较严重，则可用铬酸洗液浸泡一段时间后再进行清洗，最后用蒸馏水冲洗 2 ～ 3 次。

在使用铬酸洗液洗涤玻璃仪器时，有以下几点需要注意：

a. 铬酸洗液能够重复使用，所以使用后的洗液可回收到原瓶中，当洗液颜色由红棕色变为绿色时，则说明洗液失效，不能再使用。

b. 铬酸洗液具有很强的腐蚀性，会灼伤皮肤，使用时要谨慎操作，避免溅到衣服和皮肤上。

c. 为防止铬酸污染环境、腐蚀下水道，洗涤残留在玻璃容器中的铬酸时，废液不能倒入下水道，要倒入指定的废液缸。

②有机溶剂洗涤液。若有胶状或焦油状的有机污垢用上述方法不能洗去时，则应先用纸或者去污粉擦去大部分污物，然后酌情选用丙酮、乙醚、苯，或氢氧化钠的乙醇溶液浸泡，再彻底洗涤。用有机溶剂做洗涤剂时，使用后可回收重复使用。

3. 常用玻璃仪器的干燥

在有机化学实验中，有些反应需要在无水的条件下进行，所以玻璃仪器在洗涤后需要干燥处理，以便下次使用。实验室中常用的玻璃仪器干燥方法有以下几种：

（1）晾干。晾干是实验室中常用也最为简单的一种仪器干燥方法，即将已经清洗干净的玻璃仪器倒置于仪器架或实验柜中，待其自然晾干。如果仪器不着急使用，可采用此种方法。

（2）用烘箱烘干。将烘箱温度设定在 100 ℃～ 120 ℃，按照从上层到下层的顺序放入玻璃仪器。玻璃仪器放入前应尽量控出其中的水，并使器皿口朝上。烘干后，待烘箱内的温度降低至室温附近再将仪器取出，或者将烘热的仪器取出放置到石棉网上冷却，切忌让烘热的仪器接触到冷水或冷的金属表面，以免发生炸裂。在烘箱工作的过程中，如果要放入湿的玻璃仪器，一定要按照顺序放到下层，以免水滴滴落到热的玻璃仪器上发生炸裂。

（3）用气流烘干器烘干。在将玻璃仪器洗净之后，首先将仪器内残留的水甩出，一般要求水不会沿玻璃仪器流下，然后将玻璃仪器套到气流烘干器的多孔金属管上，最后将气流烘干器调节到适宜的温度。

（4）电吹风吹干。在急于使用玻璃仪器时，可采用电吹风吹干的方法。具体操作如下：先将玻璃仪器中的水尽量沥干后，倒入少量的乙醇、丙酮等易挥发的有机溶剂，将玻璃仪器倾斜转动，使有机溶剂尽量将玻璃仪器的内壁润湿（使用后的有机溶剂应该倒回专用的回收瓶中），然后按照冷风—热风—冷风的顺序将玻璃仪器吹干。如使用的有机溶剂为丙酮，则需要在通风环境下操作，防止中毒。

需要注意的是，带有刻度的仪器（如容量瓶、移液管、滴定管等）不能用加热的方法干燥，避免因为仪器发生热胀冷缩而影响其精密度。

4. 常用玻璃仪器的保养

有些玻璃仪器通过良好的保养，不仅能够处于待用状态，还可以延长使用寿命。下面介绍几种实验室常用玻璃仪器的保养方法。

（1）磨口玻璃仪器的保养。磨口玻璃仪器如果长时间不使用，磨口处容易粘连在一起，所以洗净干燥后的磨口仪器在保存时，应在磨口连接部位垫上纸片。

（2）蒸馏烧瓶。蒸馏烧瓶的支管容易碰断，所以在存放时要注意保护蒸馏烧瓶的支管部位。

（3）温度计。温度计的水银球部位非常脆弱，使用时要特别小心；使用完放到盒内时，底部应垫上一小块棉花。

1.2.2 常用电器

1. 烘箱

烘箱是实验室最常用的电器之一，其作用是烘干玻璃仪器以及不挥发、加热不分解的药品。烘干药品时，切忌将挥发性、易燃易爆等药品放在烘箱中烘干，至于玻璃仪器烘干的注意事项，参见上边的“玻璃仪器的干燥”。

2. 气流烘干器

气流烘干器是实验室常用的快速烘干仪器，主要用于烘干玻璃仪器，其使用方法在“玻璃仪器的干燥”小节中同样有介绍。

3. 真空干燥箱

真空干燥箱可用于干燥熔点较低的药品。相较于常压干燥，由于真空干燥箱内为真空环境，干燥速率也更快。

4. 离心机

离心机的作用是使互不相溶物相分离，其操作是将样品置于离心管中，然后将离心管置于对称的位置上，以保证平衡，转速通常为 2 000 ～ 3 000 r/min。

5. 电热套

在有机化学实验中，会使用一些易燃易爆的药品，使用这些药品时切忌用明火加热，所以电热套是实验室必不可少的加热设备之一。

6. 真空泵

实验室中常用的真空泵为循环水式多用真空泵，该泵是以循环水作为流体，利用射流产生负压的原理而设计的一种多用真空泵，广泛用于蒸发、蒸馏、结晶、过滤、减压及升华等操作中。

1.2.3 其他仪器设备

1. 天平

实验室常用的天平有托盘天平和电子天平两种。托盘天平的最大称重量为 500 g，最小称重量为 0.1 g，常用于常量合成实验中。

在半微量和微量实验中，因为对精度的要求较高，所以经常使用电子天平，其精度有多种规格可选。

在使用任何一种天平时，都要注意天平的清洁，药品不能直接在天平上称量，而是要用表面皿或者硫酸纸称量，然后转移到相应的设备中。

2. 钢瓶

钢瓶又称高压气瓶，是一种在加压下储存或运送气体的容器，其制造材料有铸钢、低合金钢等几种。不同的气体在压缩后会呈现不同的状态，如氧气、氢气、氮气等压缩后依旧为气体状态，而氨气、氯气、二氧化碳等在压缩后则变为液态。

为防止装有不同气体的钢瓶混用，我国统一针对钢瓶的瓶身、字体颜色等做了区分。表 1-1 列出了我国常见气体钢瓶的颜色及其字体颜色。

表 1-1　我国常见气体钢瓶的颜色及其字体颜色

气　体	钢瓶颜色	字体颜色
氧气	天蓝	黑
氢气	深绿	红
氮气	黑	黄
压缩空气	黑	白
氯气	草绿	白
氨气	黄	黑
二氧化碳	铝白	黑
乙炔	白	红

使用钢瓶时，有如下几点注意事项：

（1）钢瓶应存放在气瓶房内，除实验用到钢瓶外，实验室应尽量少放钢瓶。

（2）钢瓶应置于阴凉、干燥处，避免日光照射，远离热源。

（3）搬运钢瓶时要旋上钢帽，套上橡胶圈，避免磕碰和剧烈震动。

（4）使用钢瓶时应将其直立放置，并用支架固定，以防钢瓶滚动或倾倒。

（5）使用钢瓶时要用到减压表，一般可燃性气体（氢气、乙炔等）钢瓶气门螺纹是反向的，不燃性和助燃性气体（氮气、氧气等）钢瓶气门螺纹是正向的。各种减压表不得混用。开启气门时应站在减压表的另一侧，以防减压表脱出而被击伤。

（6）使用钢瓶时切忌将钢瓶中的气体用完，应在钢瓶中留有约 0.5% 表压以上的气体，避免重新灌入气体时发生危险。

（7）使用可燃性气体时一定要有防止回火的装置（有的减压表带有此种装置）。在导管中塞细铜丝网、管路中加液封可以起到保护作用。

（8）为确保钢瓶的安全性，应定期对钢瓶进行试压检验，通常三年检验一次，逾期未检或者出现锈蚀、漏气等现象的钢瓶不能使用。

1.3　实验预习、实验记录和实验报告的基本要求

1.3.1 实验预习

有机化学实验是一门操作性较强的课程，预习报告对实验的成功与否、收获大小起着关键作用。学生应积极主动、认真地做好实验预习。教师有权利拒绝未进行实验预习的学生进行实验。归纳起来，预习工作主要包括看、查、写三个方面。

（1）看：认真阅读与此次实验有关的内容。

（2）查：在阅读实验内容的过程中，如果遇到不理解的地方，如化合物的物理常数、试剂性质等，应通过查阅资料的方式解决。

（3）写：在“看”和“查”的同时，书写实验预习报告，预习报告主要包括以下几方面的内容。

①实验目的：了解实验的基本原理，掌握实验的操作方法。

②实验原理：简明阐述本次实验的反应机理，并写出反应式（包括主反应与副反应）。

③试剂与仪器：列出本次实验需要用到的试剂与仪器。

④实验装置图：画出实验反应的实验装置图。

⑤实验步骤：写出本次实验的操作流程，标明粗产品分离提纯的过程。要求实验操作顺序正确，内容简洁明了，重点突出。

⑥疑问或问题：思考各步操作的目的，弄清楚本次实验的关键、难点及实验中可能存在的安全问题，记录预习中没有解决的疑问或者实验操作中可能会遇到

的问题，在老师讲解实验时可提出自己的疑问或问题。

实验预习本必须是独立的本子，不可与其他内容混合记录；每一次的实验预习报告都要注明日期。

1.3.2 实验记录

实验记录是实验的第一手资料，也是书写实验报告的重要依据，每一位学生都应养成实验过程中认真记录的习惯。实验记录应尽可能详细，学生要将观察到的现象以及测得的数据记录到实验记录本中，且需要做到一边实验、一边记录，切忌凭借回忆整理数据，这样不能保证实验数据的准确性。

具体而言，实验记录应包括以下内容：

（1）实验过程中所用物料的数量、浓度以及每一步操作后出现的现象，如有无气体产生、有无颜色变化、是否放热等。尤其当出现与预习报告（或文献资料）中所述不一致的现象时，更要详细记录，便于后期分析。

（2）实验中获得的各种数据，如称量数据、熔点、折光率等。

（3）产物的一些能够观察到的性状，如晶形、色泽等。

（4）实验操作过程中出现的失误，如分液中的失误、粗产品提纯过程中的失误等，便于书写实验报告时更好地针对结果进行分析。

需要再次强调的是，学生在做实验记录时要做到实事求是，如实地反映自己的实验过程与实验结果，即便实验结果达不到预期，也不能抄袭他人的数据，而是要实事求是地记录，并进行详细的分析。因为相较于得到一个好的实验结果而言，认真地对待实验过程，并养成严谨的实验作风以及负责的实验态度无疑更有意义。

1.3.3 实验报告

实验报告是通过对实验记录进行整理、分析和总结，从而将实验过程中得到的直接的感性认识上升到理性思维的必要手段。实验结束后，学生根据自己的实验记录，对反应的现象进行说明和讨论，对数据进行整理和计算，并针对操作过程中存在的问题提出改进的建议，最终形成条理清晰的实验报告。

具体而言，实验报告应包括以下内容：

（1）实验名称。

（2）实验原理及反应式。

（3）实验仪器、试剂与产物的物理常数。

（4）实验反应装置图。

（5）实验步骤及实验现象，并做出适当的解释。

（6）产率计算。

（7）实验结论。

（8）问题与讨论。

下面，以“环己烯的制备”为例，说明实验报告的格式。

例：

环己烯的制备

1. 实验目的

（1）学习环己醇在浓磷酸催化下脱水制备环己烯的原理与方法。

（2）掌握分馏回流与蒸馏的反应装置及其基本操作方法。

2. 实验原理

在实验室中，用酸脱去醇中的水是制取烯烃的常用方法。环己醇在酸的催化下可以发生分子内的脱水反应生成环己烯，常用的酸催化剂为 85% 的浓磷酸，其反应式如下：

$$\text{C}_6\text{H}_{11}\text{OH} \xrightarrow{85\%\ H_3PO_4} \text{C}_6\text{H}_{10} + H_2O$$

反应过程中常会伴随副反应的发生，如环己醇分子之间脱水反应生成醚，反应式如下：

$$\text{C}_6\text{H}_{11}\text{OH} \xrightarrow{85\%\ H_3PO_4} \text{C}_6\text{H}_{11}\text{OC}_6\text{H}_{11} + H_2O$$

3. 实验仪器、试剂与产物的物理常数

（1）实验仪器：圆底烧瓶、分馏柱、温度计、直型冷凝管、分馏头、接液管、锥形瓶、分液漏斗、电热套。

（2）实验主要试剂与产物的物理常数如表 1-2 所示。

表 1-2　实验主要试剂与产物的物理系数

名　称	相对分子质量	性　状	沸点 /℃	熔点 /℃	相对密度（d_4^{20}）	折光率（n_D^{20}）
环己醇	100.16	无色黏稠液体	161.5	23 ~ 25	0.962 4	1.464 1
环己烯	82.14	无色液体	83.19	−103.5	0.810 2	1.446 5

4. *实验反应装置图*

实验反应装置如图 1-3 和图 1-4 所示。

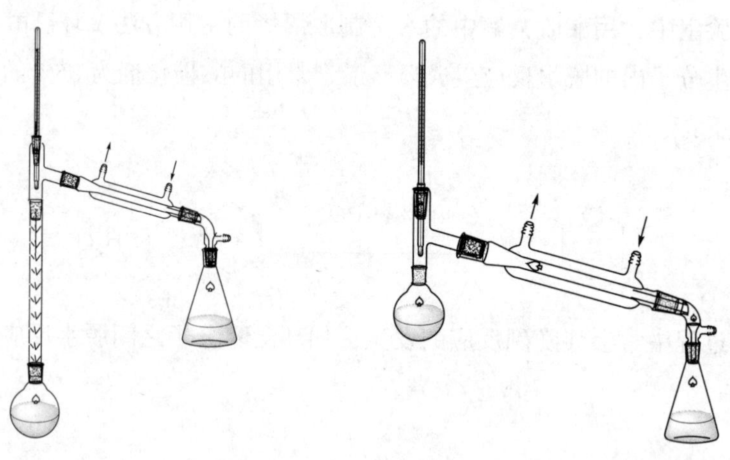

图 1-3　分馏回流反应装置　　　　图 1-4　蒸馏装置

5. *实验步骤及实验现象*

实验步骤及实验现象如表 1-3 所示。

表 1-3　实验步骤及实验现象

实验步骤	实验现象
在 50 mL 的干燥圆底烧瓶中加入 10 g 环己醇(10.4 mL，0.1 mol)和 5 mL 85% 的浓磷酸，振荡圆底烧瓶，使两者液体混合均匀	混合后的溶液呈无色，烧瓶发热
按照图 1-2 安装分馏回流装置，将接收瓶至于冰水中冷却；用电热套缓慢加热混合溶液直至沸腾，注意分馏柱顶端的温度控制在 85 ℃ ~ 90 ℃，将反应产物缓慢蒸出，蒸馏速度以大约每两秒一滴为宜	溶液沸腾后约 15 min，温度计示数稳定在 88 ℃，馏出白色混浊液体；持续反应 50 min 后，温度计示数开始下降，烧瓶内出现阵阵白雾，此时停止加热，得到乳白色混浊馏出液
向馏出液中加入 1 g 氯化钠，再加入 3 ~ 4 mL 5% 的碳酸钠溶液，然后将溶液转移到分液漏斗中，充分振摇分液漏斗后静置分层；放出分液漏斗中下面的水层，将剩余液体转移到小锥形瓶中	将液体转移到分液漏斗中后，有少量氯化钠残留在锥形瓶中；碳酸钠溶液加入时观察到有少量气泡产生；分液漏斗中剩余的上层液体仍然呈混浊状，但相对处理之前清澈了一些
少量多次地加入适量的无水氯化钙，并加以摇动，密封，静置	前期加入的氯化钙出现板结粘连，接近终点时加入的氯化钙能随溶液振荡漂浮。在密封静置大约 30 min 后，溶液由混浊变得澄清透明
将澄清透明的溶液转移到小烧瓶中，加入 2 ~ 3 粒沸石，按照图 1-4 安装蒸馏装置，用水浴加热蒸馏，收集 80 ℃ ~ 85 ℃的馏分	将干燥剂留在锥形瓶中，得到的产物为无色透明液体；蒸馏结束后烧瓶中残留少量液体
将收集到的产物进行称重，并取适量产品测量其折光率	

6. 实验结论

得到的产物为无色透明有刺激性气味的液体，产量为 X，产率为 Y，折光率为 Z（具体数据根据实际实验结果计算）。

7. 问题与讨论（根据实验的具体情况而定，此处只列举两个可能的问题）

（1）实验步骤中粗产物制备的过程大约需要 50 min，是为了避免蒸馏速度过快将部分未反应的环己醇蒸出，若实际实验的过程中只用了 30 min 左右，这可能导致部分未反应的环己醇被蒸出，使环己烯产率较低。

（2）在加入无水氯化钙吸附溶液水分时，若无水氯化钙加入过多，在吸附水的同时，也会少量吸附环己烯，导致产率降低。

第 2 章　有机化学实验基本操作

2.1　加热与冷却

2.1.1 有机化学实验常用加热方法

室温下的有机化学反应速率通常都很慢，甚至不发生反应。实验测定表明，反应温度每升高 10 ℃，反应速率平均增加 1 ～ 2 倍，所以有机化学反应通常会在加热的条件下进行。此外，有机化学实验中的诸多操作，如蒸馏、回流、重结晶、升华等也都需要加热。在化学实验中，常用的加热方式有直接加热与间接加热两种。其中，直接加热包括煤气灯加热、酒精灯加热等，这种加热方式温度波动较大，且不易控制，安全性较低；间接加热包括油浴、水浴、空气浴等，这种加热方式温度波动较小，加热均匀，且易于控制，安全性较高。对于有机化学实验来说，因为很多有机物可燃，所以出于安全性考虑，应尽量避免采用明火直接加热的方式，可根据反应物的性质和实验的需求选用适宜的间接加热的方式。下面具体介绍常用的间接加热的方式。

1. 水浴

当反应所需要的温度低于 80 ℃时，可采用水浴的方式进行加热，常用的设备为恒温水浴锅（图 2-1）。反应时，将温度控制在反应所需要的范围内，热浴面应略高于玻璃容器中液面的高度，切勿使玻璃容器接触到水浴锅底。若需要长时间加热，应注意由于水汽化蒸发导致的热浴面降低而影响加热效果的现象，可以采用石蜡液封或者用铝箔覆盖水浴锅开口部分防止水汽蒸发，也可以随时补加水，保持热浴面的稳定。加入的水应与水浴锅中水的温度接近，避免因水浴锅中水的温度变化太大而影响反应。

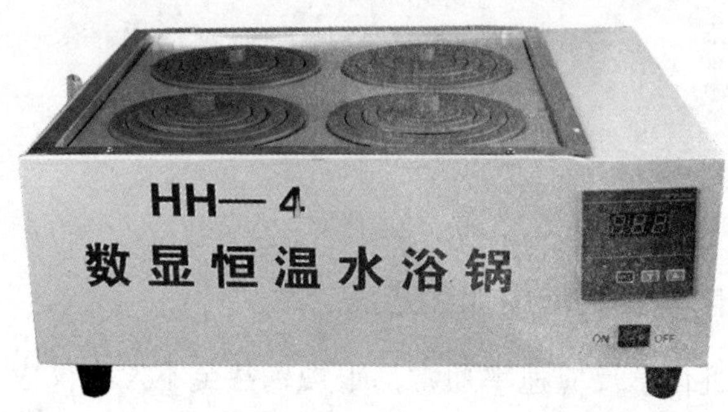

图 2-1　恒温水浴锅

2. *油浴*

当反应所需温度在 80 ℃～250 ℃时，可采用油浴的方式。油浴与水浴的原理相同，只是加热介质不同。相较于水而言，油类物质的性质比较稳定。实验室中常用的油浴介质有甘油、石蜡、植物油、硅油、邻苯二甲酸二丁酯等。所用油的种类不同，油浴所能达到的温度也不同。

在植物油中加入 1% 的对苯二酚，可增加油在受热时的稳定性。甘油和邻苯二甲酸二丁酯的混合液适用于加热到 140 ℃～180 ℃，温度过高则会分解。甘油吸水性较强，对于放置过久的甘油，使用前应先加热蒸去所吸的水分，之后再用于油浴。液状石蜡可加热到 220 ℃，温度稍高虽不易分解，但易燃烧。固体石蜡也可加热到 220 ℃以上，其优点是室温下为固体，便于保存。硅油是无色、无味、无毒的难挥发液体，属于聚硅氧烷类高分子化合物，它可在 300 ℃下长时间加热而不变黑不发烟。因此，采用硅油浴加热可以直接观察到受热体系内的变化，其常用于 150 ℃～300 ℃的长时间加热。硅油是目前最常用的油浴加热介质。

使用油浴加热时，有以下几点需要注意：

（1）油锅中的油不宜过多，不能超过油锅容量的 1/2。

（2）油浴环境中不能有水，否则会产生泡珠或爆溅。

（3）加热结束后，要在取出反应容器后悬置片刻，待附着在容器外壁上的油滴完后，再用纸或布将外壁擦拭干净。

（4）一般油浴加热温度都较高，需谨慎操作，避免引发火灾，一旦发生火灾，应先切断电源，再用大块石棉网将明火闷灭，切忌用水灭火。

3. 沙浴

当反应温度需求较高，超过 200 ℃甚至 300 ℃时，有些油类物质变得不够稳定，这时可采用沙浴的方式。沙浴的温度可达到 350 ℃～400 ℃。加热时，将反应容器埋入沙中，沙的高度略高于容器中液体的液面。但是，由于沙对热的传导能力较差但散热较快，易导致受热不均且温度不易控制，所以应用并不广泛。

4. 空气浴

空气浴就是借助加热设施先将空气加热，然后空气再把热能传导给反应容器。空气浴能够达到 200 ℃左右的反应温度，相较于油浴而言，具有方便、加热迅速、停止加热后降温快等优点，所以当反应所需温度在 100 ℃～200 ℃时，也常常会采用空气浴的方式。空气浴常使用的设备为电加热套，若反应需要搅拌，则可采用带磁力搅拌的电加热套（图 2–2）。加热时，反应容器的外壁应与电加热套的内壁保持大约 2 cm 的距离，这样既利于空气中热能的传导，也可以防止因局部过热而影响反应。

图 2–2　磁力搅拌电加热套

2.1.2 有机化学实验常用冷却方法

有些有机化学反应是放热反应，随着反应的进行，反应液的温度会快速上升，如果不对反应加以控温，可能会导致副反应的发生，甚至发生冲料或爆炸事故。另外，有些反应（如重氮化反应）需要在低温下进行，所以必须对反应进行冷却处理；在蒸馏一些低沸点的有机物时，为了避免产物挥发，需对馏出液进行冷却处理；在重结晶时，为了降低有机物在溶剂中的溶解度，也常常采用冷却的方式使有机物析出；等等。有机化学反应中，常用的冷却方法有以下几种。

1. 室温水冷却

室温水冷却的方式就是将容器直接放入水中，或者在反应中将水接入冷凝管对有机物进行冷却。使用冷凝管时有一点需要注意，即水的接入方式是下进上出。

2. 冰水冷却

冰水即碎冰与水的混合物，相较于冰块而言，虽然冰水混合物的温度较高，但冰水混合物与容器接触的面积更大，所以其冷却效果比单纯地使用冰块更好。冰水冷却可将温度降至 0 ℃ ~ 5 ℃。

3. 冰盐浴冷却

当反应所需要的温度低于 0 ℃时，可采用冰盐浴冷却的方法，即将碎冰与无机盐按照一定的比例进行混合（冰与无机盐比例及其所能达到的最低温度见表 2–1）。混合时，需要将冰砸成小块，并将无机盐研细，然后均匀撒到碎冰块上。在使用冰盐浴冷却的过程中，为了提升冷区的效果，要随时加以搅拌。

表 2–1　无机盐与冰的比例及其最低温度

无机盐	无机盐与冰的比例	最低温度 /℃
氯化铵	25 ∶ 100	−15.4
亚硝酸钠	50 ∶ 100	−17.7
氯化钠	33 ∶ 100	−21.3

4. 干冰冷却

干冰是固态的二氧化碳，其在常温下极易升华，升华的过程会吸收大量的热，所以可以起到冷却的作用。另外，将干冰与乙醇、丙酮、乙醚等有机物混合到一起，可冷却到 −50 ℃～ −90 ℃（表 2–2）。

表 2-2　干冰与不同有机物混合可达到的冷却温度

混合物	冷却温度 /℃
干冰 + 乙醇	−72
干冰 + 氯仿	−77
干冰 + 乙醚	−78
干冰 + 丙酮	−86

在进行冷却操作时，有几点需要注意：

（1）当冷却温度较低（低于水银的凝固点 −38.87 ℃），且需要测量温度时，不能用水银温度计，应使用乙醇、正戊烷等制成的低温温度计。

（2）在冷却时切忌让玻璃容器的温度骤然降低，否则容易导致玻璃容器炸裂。

（3）在使用低温冷却剂时，需要佩戴防护手套，避免被冻伤。

2.2　干燥与干燥剂

2.2.1 干燥的方法

干燥是有机化学实验中经常会用到的基本操作之一，其目的在于去除固体、液体、气体中的少量水分或有机溶液。干燥的方法主要有两种：物理方法与化学方法。

物理方法是通过吸附、分馏、加热或利用共沸蒸馏把水分带走，另外还可以采取分子筛、离子交换树脂进行脱水干燥。

化学方法主要借助干燥剂来除去水分，而根据干燥剂与水作用的机制，又可将干燥剂分为两类：一类是干燥剂与水进行可逆的结合，生成水合物的干燥剂，如无水硫酸镁、无水氯化钙等；另一类是干燥剂与水发生不可逆的化学反应，形成新的物质，如五氧化二磷、金属钠等。

2.2.2 固体的干燥

固体有机物的干燥主要是为了除去残留在固体内的少量水与有机溶剂，常用的方法有蒸发法与吸附法。

1. 蒸发法

蒸发法有自然蒸发与加热蒸发两种。自然蒸发是最为简单的方法，即将固体有机物薄薄地摊在表面皿或敞口的容器中，使其在空气中慢慢蒸去水分。为了防止灰尘或杂物落入固体有机物中，可在上面覆盖一张滤纸。对于在空气中性质较稳定、不易吸水和分解的固体有机物可采用此种方法。自然蒸发的速度较慢，有时为了加快干燥的速度，可采用加热蒸发的方法，即将固体有机物放到烘箱中烘干。此方法适用于熔点较高、受热不分解的固体有机物。设置烘箱温度时，注意温度要低于固体有机物的熔点，且勤加翻动，避免有机物结块。还有一点需要注意：当固体有机物中含有较多有机溶剂时，不能放到烘箱中加热，以免发生危险。

2. 吸附法

吸附法就是将固体有机物和干燥剂一起放到干燥器中，依靠干燥剂的吸附作用吸附固体有机物中的溶剂，从而起到干燥效果的一种方法。对于易吸水、易分解、易升华的固体有机物，可采用此种干燥方法。在有机化学实验中，常用的干燥器有以下几种。

（1）普通干燥器：普通干燥器操作简便，将要干燥的个体有机物与干燥剂放入干燥器中，密封好即可；缺点是所需时间较长，干燥效率较低。

（2）真空干燥器：真空干燥器可以提高干燥的效率，使用时通过水泵将干燥器内抽成真空即可，但注意真空度不能过高，以防干燥器因不能承受压力而炸裂。从干燥器中取出有机物之前，需要先放气，且放气速度不能过快，避免空气进入太快冲散干燥器内的固体样品。对于新的真空干燥器，要先进行耐压试验才能使用。

（3）真空恒温干燥器：该方法干燥效率很高，尤其是去除结晶水或结晶醇，常用于基准物质的干燥处理。使用时将装有样品的小瓷舟放入夹层内，连接盛有干燥剂（常用的是五氧化二磷）的曲颈瓶，当用水泵（或油泵）抽到一定的真空度时，先将旋塞关闭，再停止抽气。若不关闭旋塞而连续抽真空，则干燥器内的气体不能再流入水泵，反而有可能使水汽扩散到干燥器内。当干燥要求较高时可每隔一段时间抽一次，使样品在恒温恒压的条件下进行干燥。

干燥器内干燥剂的选择要依据被吸附蒸气的性质（潮湿程度和干燥条件）而定，同时不能与固体有机物发生反应。固体有机物干燥中常用的干燥剂及其吸附的蒸气如表 2-3 所示。

表 2-3　固体有机物干燥中常用的干燥剂及其吸附的溶剂

干燥剂	吸附的蒸气
无水氯化钙	水、醇
氧化钙	水、氯化氢、醋酸
氢氧化钠	水、醇、氯化氢、酚、醋酸
五氧化二磷	水、醇
硅胶	水、四氯化碳

2.2.3 液体的干燥

1. 干燥剂的选择

液体物质的干燥通常需要直接与干燥剂接触，因此干燥剂选择的原则就是不能与该液体有机物发生化学反应，包括络合反应、缔合反应等。液体有机物中常用的干燥剂如表 2-4 所示。另外，在使用干燥剂时，还要考虑干燥剂单位质量内的吸水容量和达到平衡时液体的干燥程度（干燥效能），干燥剂的性能如表 2-5 所示。

表 2-4　液体有机物中常用的干燥剂

有机物类型	常用干燥剂
醇	K_2CO_3、$MgSO_4$、CaO、Na_2SO_4
醚	Na、$CaCl_2$、P_2O_5
醛	$MgSO_4$、Na_2SO_4
烃	$CaCl_2$、P_2O_5、Na
酮	$CaCl_2$、$MgSO_4$、K_2CO_3

续　表

有机物类型	常用干燥剂
酸、酚	$MgSO_4$、Na_2SO_4
卤代烃	P_2O_5、$CaCl_2$、$MgSO_4$

表 2-5　常用干燥剂的性能

干燥剂	吸水作用	干燥效能	干燥速度
$MgSO_4$	形成 $MgSO_4 \cdot nH_2O$（n=1，2，4，5，6，7）	较弱	较快
$CaCl_2$	形成 $CaCl_2 \cdot nH_2O$（n=1，2，4，6）	中等	较快
Na_2SO4	形成 $Na_2SO_4 \cdot 10H_2O$	弱	缓慢
Na	形成 NaOH	强	快
P_2O_5	形成 H_3PO_4	强	快
CaO	形成 $Ca(OH)_2$	强	较快

2. 干燥剂的用量

使用干燥剂的目的是除去液体有机物中多余的水和有机溶剂，虽然选择的干燥剂不与液体有机物发生反应，但干燥剂过多也会吸附少量的液体有机物，所以干燥剂的用量应适中。但是，很多时候由于有机物中水分或其他有机溶剂的量并不清楚，很难准确计算干燥剂的用量，需要在设计操作中根据观察到的现象进行具体的判断。

（1）观察被干燥的液体：在加入干燥剂之后，被干燥的液体有时会发生变化，这时可以通过观察液体变化的方式判断干燥剂加入的量是否适宜。例如，在"环己烯制备"实验中，分液后的液体由于是油水混合物，呈混浊状态。当加入干燥剂之后，由于液体中的水分被吸收，剩余的环己烯会呈现出澄清透明的状态，所以当液体由混浊变得澄清，便说明液体中的水分已经基本除净，不必再继续加入干燥剂；相反，如果液体仍旧呈混浊状态，则应继续加入干燥剂，直至液体变得澄清。

（2）观察干燥剂：有时被干燥的液体始终呈澄清状态，这时便可以通过观察干燥剂的变化情况确定干燥剂的加入量是否适宜。干燥剂在吸附了水分或其他有机溶剂之后，会结块或者变黏附着在器壁上，所以当新加入的干燥剂变黏并附着在器壁上时，说明干燥剂的分量不够，这时需要继续加入干燥剂，直到新加入的干燥剂无明显变化为止。

需要注意的是，干燥剂加入后需要一定的反应时间，所以应静置一段时间后再观察，若发现干燥剂用量不足应再继续添加。选用的干燥剂，颗粒大小应适中，颗粒过小吸水后易呈糊状，影响后续的分离等操作；颗粒过大，表面积较小，吸水量也相应变小，造成干燥剂浪费。

2.2.4 气体的干燥

在有机化学实验中，常用的气体有氮气、氯气、氨气、氧气、氢气、二氧化碳等，当反应对气体纯度要求较高或者不能有水参与时，便需要除去气体中微量的水分。

在将气体通入反应装置中之前，要先使气体经过洗瓶（内有液体干燥剂）或干燥塔（内有固体干燥剂）。干燥剂的选用具体根据所需气体的性质、潮湿程度、用量等决定。表 2-6 列出了气体干燥中常用的几种干燥剂及其可干燥的气体。

表 2-6　气体干燥常用的干燥剂及其可干燥的气体

干燥剂	可干燥的气体
CaO、KOH、NaOH、碱石灰	NH_3 类
P_2O_5	O_2、H_2、CO、CO_2、N_2、SO_2、乙烯、烷烃
无水 $CaCl_2$	O_2、H_2、N_2、CO、CO_2、HCl、烯烃、卤代烃、
浓 H_2SO_4	O_2、H_2、N_2、CO_2、HCl、烷烃

气体干燥时有如下几点需要注意：

（1）在用生石灰、碱石灰、无水氯化钙做干燥剂时，应选用颗粒状且大小适中的，切忌使用粉末状的，否则吸水后易呈糊状，从而造成堵塞。

（2）在选择浓硫酸做干燥剂时，用量应适中，太多会影响气体的通过，太少又会影响干燥的效果。为了防止倒吸，还应在洗气瓶与反应瓶之间设置安全瓶。

（3）如果对气体纯度的要求非常高，则可同时采用两个或多个干燥装置，提升干燥的效果。

2.3 蒸馏与沸点的测定

2.3.1 常压蒸馏

将液体加热至沸腾，使其变为蒸气，然后再将蒸气冷却凝结为液体，这个操作过程便称为蒸馏。蒸馏是液体混合分离和提纯的一种常用方法，通常分为常压蒸馏、减压蒸馏、水蒸气蒸馏与分馏。本部分仅学习常压蒸馏。

1. 实验目的

（1）了解常压蒸馏的作用与原理。

（2）掌握常压蒸馏的反应装置及其基本操作方法。

2. 蒸馏的原理

常压蒸馏是利用液态化合物沸点的不同进行分离提纯的，但只有当混合液体中的化合物沸点差异较明显的时候（一般相差 30 ℃以上），才能用常压蒸馏的方式将其分离开来。当一个二元或多元混合物中各组分的沸点相差较小时，单纯地采用常压蒸馏的方式很难将其分离开来，这时就需要采取其他的方式，如分馏。另外，在有些二元或多元混合物中的某些有机物会与其他组分形成二元或者三元共沸混合物，这些共沸混合物也具有固定的沸点，而且共沸混合物在液相与气相中的组分一样，不能用蒸馏法进行分离。

在蒸馏的过程中，为了使液体保持稳定的沸腾状态，避免发生爆沸的情况，需要在蒸馏瓶中加入沸石或一端封口的毛细管。沸石等助沸物应在连接装置的过程中加入。[1]

3. 蒸馏装置

常压蒸馏装置由圆底烧瓶、蒸馏头、温度计、直形冷凝管、尾接管、接收瓶等组成，具体装置图如图 2-3 所示。

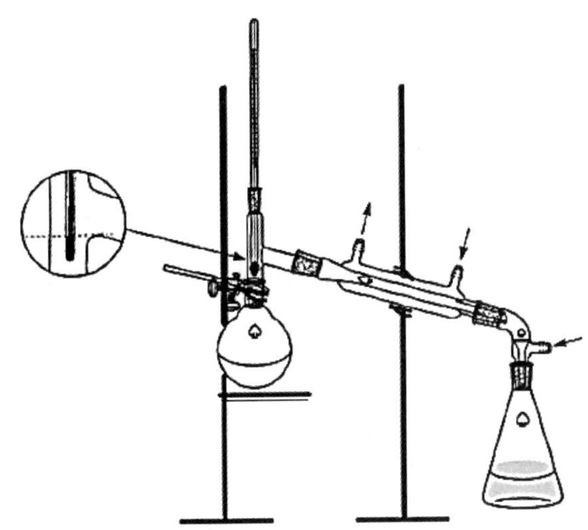

图 2-3　常压蒸馏装置图

在仪器安装的过程中，有如下几点需要注意：

（1）仪器安装的顺序为自下而上、自左向右，除铁架台外，其他仪器处于一个平面上。

（2）为了使测定的温度更加准确，温度计水银头的位置应处于蒸馏头支管的下端。

（3）常压蒸馏装置不能密封，否则会因为液体汽化使装置内压力增大而引发危险。

（4）如果蒸馏物的沸点较低，可将接收瓶置于冷却装置上；如果要防止外界水汽进入蒸馏装置，可在接收管支管上连接干燥管。

4. 蒸馏的步骤

常压蒸馏共分为仪器安装、加料、加热和收集馏出液四个步骤。

（1）仪器安装。蒸馏装置的安装参考图 2-3。在选择蒸馏瓶时，应依据待蒸馏液体的量而定，一般液体体积不应少于蒸馏瓶的 1/3，也不能超过蒸馏瓶的 2/3。安装时，一般先从热源开始，先根据热源的高度固定蒸馏瓶，固定后加入沸石，然后安装蒸馏头和温度计。接入冷凝管时应将冷凝管固定在铁架台上，将它调整至与蒸馏瓶高度相适应，并保持与蒸馏头支管同轴，再打开铁夹使冷凝管沿轴向旋转移动直至与蒸馏头连接。最后安装接液管和接收容器。

（2）加料。装置安装完毕后，取下温度计，借助长颈漏斗将液体转移到圆底烧瓶中，注意长颈漏斗的下口应进入烧瓶中，或者超过蒸馏头的支管。

（3）加热。加热前，应仔细检查装置连接是否正确与紧密，原料、沸石是否加入，冷凝管中是否通入了冷水，检查无误后开始加热。加热后，可以看到蒸馏瓶中的液体逐渐沸腾，蒸气开始上升，当蒸气上升到温度计水银球部位时，温度计读数迅速上升；当看到有馏出液滴入接收瓶中时，应控制加热温度，使蒸馏速度稳定在每秒 1 ～ 2 滴为宜。蒸馏过程中应该保持温度计水银球湿润，此时温度计显示的读数便是馏出液的沸点。

（4）收集馏出液。收集馏出液的接收瓶至少要准备两个（一般选择锥形瓶），因为在加热的过程中有时会提前蒸出一些沸点较低的液体，这些液体被称为“前馏分”。当“前馏分”被蒸出后，温度计的读数会再次上升，当温度计温度再次稳定以后，另一种纯净物质会被蒸出，这时需要换一个干净的接收瓶，并记录此时温度计的示数。当蒸馏接近尾声时，在保持加热温度不变的情况下，温度计的示数可能会突然开始下降，且不再有液体馏出，此时应立即关闭热源，停止蒸馏。

蒸馏完毕后，应先关闭加热源，待装置冷却以后再停止向冷凝管中通水，最后拆下仪器，拆除的顺序与安装的顺序相反。

2.3.2 沸点的测定

1. 实验目的

（1）了解沸点测定的意义。

（2）掌握沸点测定的原理与方法。

2. 沸点测定的原理

液体化合物受热时，其蒸气压随温度的升高而增大，当液面蒸气压增大到与外界大气压相等时，就有大量气泡从液体内部逸出，液体呈现沸腾状态，这时的温度称为液体的沸点。沸点与外界的压力有关，外界压力越大，沸点越高；外界压力越小，沸点越低。我们通常所说的沸点是在 0.1 MPa 压力下液体的沸腾温度。沸点是有机化合物的物理常数之一，通过沸点的测定，可以对液态的有机化合物做初步的鉴定并判断其纯度。

3. 测定方法

沸点测定的方法主要有两种：常量法和微量法。常量法的装置与常压蒸馏的装置相同，需要的液体量较多，一般为 10 mL 以上，测量的操作也与蒸馏相同。

微量法就是利用沸点测定管测定液体的沸点，其对样品量的要求较少，当样品较少不能用蒸馏法测定沸点时可采用此种方法。沸点测定管的装置如图 2-4 所示。

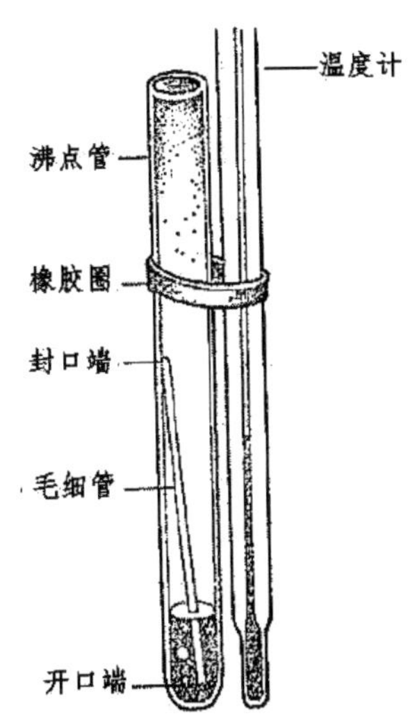

图 2-4　微量法沸点测定管

测定步骤如下：

用吸管转移 4 ～ 6 滴样品于沸点管中，液体的高度大约为 1 cm，将上端封闭的毛细管插到沸点管中，然后用橡皮筋将沸点管与温度计固定在一起，并将固定好的装置置于浴液中加热。[3,4] 受热后，毛细管中会有气泡缓慢逸出，随着温度的升高，气泡逸出速度变快，当液体沸腾时会出现一连串的气泡，此时便可停止加热，使浴液的温度自然下降，而随着温度的降低，气泡逸出的温度也逐渐放缓。当气泡不再冒出，而液体刚要进入毛细管的瞬间（即最后一个气泡即将缩回到毛细管时），表明毛细管的内压与外界大气压相等，此时的温度就是该液体的沸点。

为确保测定数据的准确性，每个样品需要重复测定 2 ～ 3 次，测得的数据误差不能超过 1 ℃。[5]

2.3.3 思考题

（1）常压蒸馏应选用什么型号的冷凝管？为什么？

（2）常压蒸馏有哪些用途？

（3）在用常压蒸馏测沸点时，温度计的位置偏高或者偏低是否会对测得的结果有影响？如果有，请具体说明。

（4）加热过猛或者加热不足会不会对测得的沸点有影响？为什么？

（5）从安全与蒸馏效果两个方面考虑，蒸馏操作应注意哪些问题？

（6）如果液体具有固定的沸点，是否就能够确定该液体为纯物质？

[注释]

[1] 在任何情况下，切忌将沸石或其他助沸物添加到接近沸腾的液体中，否则会有引起液体突然剧烈沸腾而涌出反应瓶的风险。如果在加热的过程中需要加入新的沸石，则应先停止加热，待液体温度下降到沸点以后再将新的沸石加入。

[2] 在任何情况下，尤其是在较高温度下进行蒸馏时，切忌将蒸馏瓶中的液体蒸干，否则易导致蒸馏瓶破裂引发危险。

[3] 温度计水银球的位置与沸点管中液体的位置平齐。

[4] 加热时速度应该缓慢，使温度均匀上升。

[5] 毛细管不可重复使用，每一只毛细管只可用于一次实验的测定。

2.4 减压蒸馏

2.4.1 实验目的

（1）了解减压蒸馏的原理及其应用范围。

（2）掌握减压蒸馏仪器的安装及减压蒸馏的基本操作。

2.4.2 实验原理

减压蒸馏常用于某些高沸点有机化合物的分离提纯，因为在常压下容易发生氧化、分解、聚合等反应，导致常压蒸馏效果不佳或难以进行，这时便需要采取减压蒸馏的方法。

液体的沸点与外界的压力有关，当外界压力降低时，液体的沸点也相应地降低，两者的关系可近似的表示为

$$\lg p = \mathrm{A} + \frac{\mathrm{B}}{T} \tag{2-1}$$

式中：p 为液体表面的蒸气压；T 为溶液沸腾时的热力学温度；A 和 B 为常数。

如果将 $\lg p$ 为纵坐标，$1/T$ 为横坐标，可近似得到一条直线。从二元组分已知的压力和温度，可算出 A 和 B 的数值，再将所选择的压力代入上式，即可求出液体在这个压力下的沸点。

另外，很多化合物的压力和沸点的关系可以在相关手册和文献中查到，在文献中查不到的，可以根据经验规律做简略估算。通常情况下，常压下沸点在 250 ℃～300 ℃之间的化合物，当其表面压力下降到 20 mmHg 时，沸点比常压沸点低 100 ℃～120 ℃；当压力下降到 20 mmHg 以下时，压力每下降一半，沸点下降 10 ℃。此外，也可以根据图 2-5 所示的压力－温度曲线得出某一压力下物质的沸点。例如，某物质常压下的沸点为 240 ℃，当表面压力下降到 20 mmHg 时，其沸点可以通过下述方法得到：先在 B 线上找到 240 ℃的点，然后在 C 线上找出 20 mmHg 的点，最后将两个点相连并延长，其与 A 线的交点便是压力下降到 20 mmHg 时的沸点。

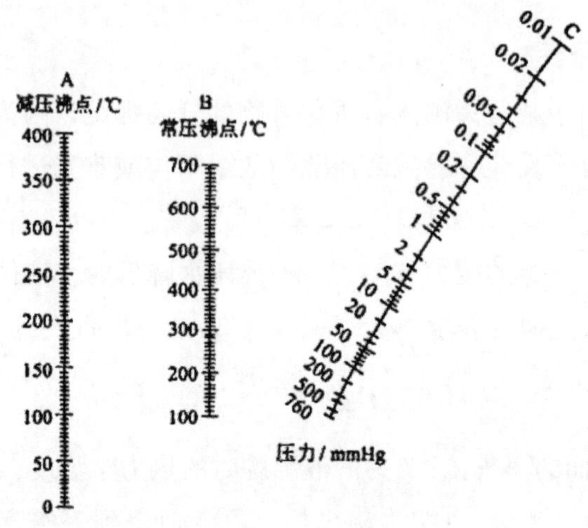

图 2-5　压力 – 温度关系

2.4.3 减压蒸馏装置

1. 传统减压蒸馏装置

传统减压蒸馏装置如图 2-6 所示，主要由蒸馏、减压（抽气）、保护及测压装置三部分组成。

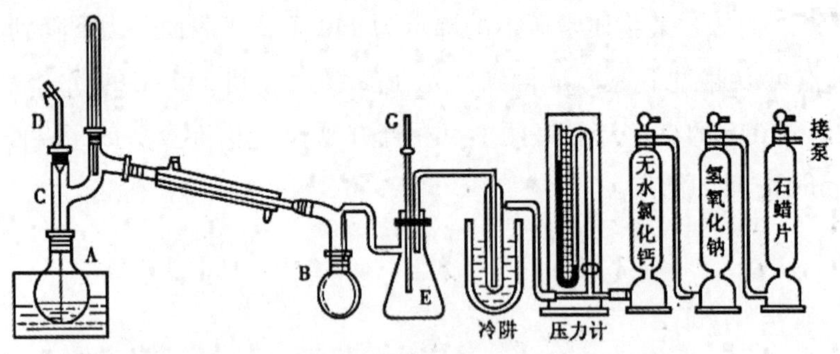

图 2-6　减压蒸馏装置

（1）蒸馏部分。在图 2-6 中，A 为减压蒸馏瓶（又称克氏蒸馏瓶），它有两个颈，一个颈中插入毛细管（C），毛细管距瓶底 1 ~ 2 mm，上端连接一个带螺旋夹的橡皮管（D），其作用是使少量的空气进入液体中并产生微小气泡，形成

液体沸腾的汽化中心，保证蒸馏的平稳进行。[1] 另一个颈中则插入温度计。

加热源一般根据馏出液的沸点进行选择，通常加热源加热的最高温度高于馏出液沸点 20 ℃ ~ 30 ℃即可。在有机实验中，减压蒸馏的加热源通常为水浴或油浴。

蒸馏部分的接收容器为圆底烧瓶或蒸馏烧瓶，切忌使用锥形瓶或平底烧瓶。如果需要收集不同温度下的馏分，可选择多尾接引管，蒸馏时转动多尾接引管便可以使不同的馏分进入不同的容器中。

（2）减压部分。实验室中常用水泵或油泵进行抽气减压。因为水廉价易得，且对泵的损害很小，所以通常情况下，能用水泵尽量使用水泵。

①水泵。实验室常用的为循环水泵，如图 2-7 所示，其具有方便、实用和节水的特点。水泵所能达到的最低压力与水的温度有关。例如，当水的温度为 7 ℃时，水蒸气的压力约为 1 kPa，当水的温度为 30 ℃时，水蒸气的压力为 4.2 kPa。

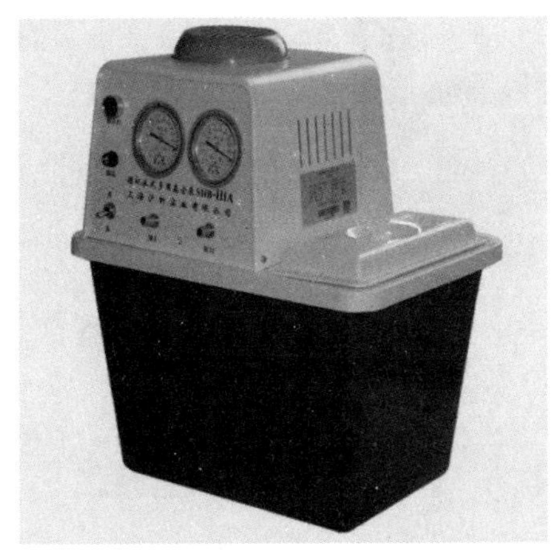

图 2-7　实验室常用循环水泵

②油泵。在对真空度要求较高的情况下可以使用油泵。油泵的效能取决于泵的结构以及油的好坏。[2] 油泵的结构越精密，对使用的要求就越高。当使用油泵进行减压蒸馏时，因为溶剂、水和酸性气体会对油造成污染，并引起泵体的腐蚀，所以在使用油泵时要注意如下几点：

a. 定期检查并更换油，防潮防腐蚀。

b. 在泵的进口处安装一些保护装置，如吸收塔（内置无水氯化钙、氢氧化钠、石蜡片等）与冷阱，如图 2-6 右侧装置所示。[3]

（3）保护及测压装置。使用水泵抽气减压时，要在接收瓶 B 与水泵之间连接安全瓶 E，其作用是防止水压骤降时水泵中的水被吸入接收瓶中。安全瓶通常选用耐压的抽滤瓶或广口瓶，瓶上的二通活塞 G 用以调节系统内的压力。

在使用油泵抽气减压时，还需要如图 2-6 右侧的装置所示，安装冷阱与吸收塔。

实验室中一般用水银压力计测量系统的压力，通常选用开口式 U 形压力计或一端封闭的 U 形压力计。

2. **旋转蒸发仪**

旋转蒸发仪又叫旋转蒸发器（图 2-8），是实验室常用设备，由马达、蒸馏瓶、加热锅、冷凝管等部分组成，主要用于减压条件下连续蒸馏易挥发性溶剂。

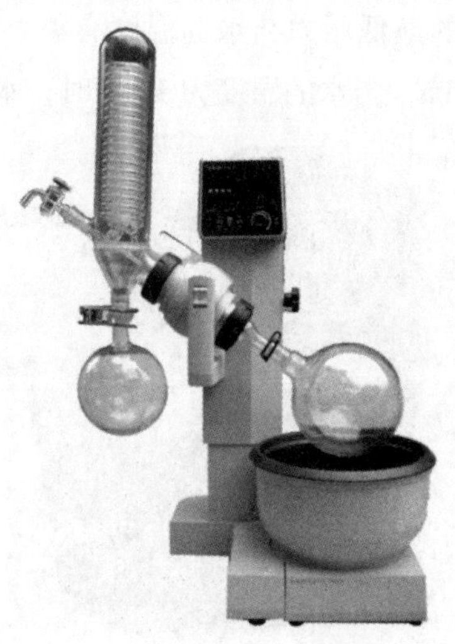

图 2-8　旋转蒸发仪

旋转蒸发仪的使用方法如下：

（1）将旋转蒸发仪的真空抽口用橡皮管与安全瓶下端支管连接，将真空泵与安全瓶上端支管连接，将旋转蒸发仪冷凝管的进水口用橡皮管与水阀连接，出水口用橡皮管接入下水槽。

（2）将调速旋钮逆时针旋到最小后，打开加热开关和电机开关，设定水浴温度后开始加热。

（3）按“上升”键，使蒸发瓶接口上升到合适高度，将装有液体的蒸发瓶接

入，并用卡子固定。[4]

（4）按“下降”键，使蒸发瓶与水浴适当接触，顺时针旋转调速旋钮至中高速（大蒸发瓶用中低速）。

（5）开通冷凝水，打开循环水泵开关，关闭进样口阀门，调节安全瓶阀门，使真空压力适当。

（6）注意观察蒸发瓶情况，如有爆沸迹象，应迅速打开安全瓶阀门，降低负压后再调节压力或水浴温度。

（7）如需连续蒸发，则用乳胶管将进样口与待蒸发液体连接，开启进样口，使液体被抽入蒸发瓶后再关闭，反复操作至所有待蒸发液体被抽入。

（8）蒸发完毕后，先打开安全瓶活塞，再关闭循环水泵，逆时针旋转调速旋钮至最小，按“上升”键，使蒸发瓶上升至一定高度，取下蒸发瓶后再按“下降”键降低至一定高度，关闭冷凝水，关闭加热开关和电机开关，将蒸出馏分回收至专用容器。

2.4.4 减压蒸馏操作

1. **安装仪器**

按图 2-7 安装减压蒸馏装置，安装完后检查装置的气密性。旋紧毛细管上的螺旋夹，关闭安全瓶上的二通活塞，打开抽气泵，压力下降，待压力稳定后，夹住抽气泵的橡胶管，观察压力计的水银柱是否有变化，如果没有变化则说明不漏气，如果有变化则证明系统漏气，需要检查整个装置，找到漏气的原因，待系统漏气问题处理妥当后，再进行后续操作。

2. **加热蒸馏**

将要蒸馏的溶液用长颈漏斗转移到蒸馏烧瓶中，溶液不超过烧瓶的 1/2。[5]打开抽气泵减压，然后缓慢调节二通活塞，使系统达到实验所需要的真空度。调节毛细管上端的螺旋夹，使烧瓶液体中出现连续且平稳的小气泡。

待系统达到实验所需要的真空度后，通入冷凝水，开始加热蒸馏。当溶液沸腾后，控制加热源的温度，使蒸馏速度控制在每秒 1 ～ 2 滴。[6]

3. **停止蒸馏**

待馏出液收集完毕后，停止加热，移去热源，待稍冷后再缓慢打开安全瓶上的二通活塞，使系统内外压力平衡，然后缓慢打开毛细管上的螺旋夹，最后关闭抽气泵。[7]

2.4.5 思考题

（1）减压蒸馏时要注意哪些问题？

（2）进行减压蒸馏时，为什么要先抽真空后加热？

（3）旋转蒸发仪有哪些优点和缺点？

[注释]

[1] 毛细管的粗细应适中，否则会影响实验的效果。毛细管的检验是将毛细管插入液体中，另一端吹气，如果液体中出现气泡，则说明毛细管可用。

[2] 油的蒸气压越低，油泵的性能越好。

[3] 石蜡片吸收有机物，氢氧化钠吸收酸性气体，冷阱用以冷凝低沸点的杂质。

[4] 蒸发瓶内的液体体积不超过蒸发瓶溶剂（容积）的 50%。

[5] 如果待蒸馏的物质中有低沸点物质，可以先进行常压蒸馏，除去低沸点的物质。

[6] 在加热蒸馏的过程中，要始终注意温度与压力的变化情况，并及时进行记录。通常情况下，纯物质的沸程不超过 2 ℃，但压力变化后，沸程可能会稍有变化。

[7] 在打开安全瓶上的活塞调节系统压力时，应缓慢打开活塞，避免压力计中的汞柱快速上升冲破压力计。

2.5 水蒸气蒸馏

2.5.1 实验目的

（1）了解水蒸气蒸馏的原理。

（2）掌握水蒸气蒸馏的实验装置与操作方法。

2.5.2 水蒸气蒸馏的原理

将水蒸气通入不溶或者难溶于水但是具有一定挥发性的有机物中，使有机物随水蒸气一起被蒸馏出来，这种操作被称为水蒸气蒸馏。水蒸气蒸馏是分离提纯有机化合物的一种常用方法，常用于从天然原料中分离出液体和固体产物，特别适用于分离那些在其沸点附近易分解的物质；适用于分离含有不挥发性杂质或大量树脂状杂质的产物；也适用于从较多固体反应混合物中分离被吸附的液体产物。相较于常压蒸馏、过滤、萃取等操作，在上述分离提纯中，水蒸气蒸馏的效果无疑更好。

当两种互补相溶的液体 A、B 同时存在于一个体系中时，每种液体都有各自的蒸气压，因为两种液体互不相溶，彼此之间的影响非常小，所以其蒸气压的大小与独立存在时一样。由道尔顿分压定律可知，混合液体的蒸气压等于各组分蒸气压之和，即

$$P=P_A+P_B \tag{2-2}$$

混合物的沸点是其蒸气压的总和，即等于外界大气的蒸气压，由此可知，混合物的沸点比混合物中任一组分的沸点都要低。水蒸气蒸馏便是基于这一原理的，即不溶于水的有机物在与水混合后，其沸点低于水的沸点（100 ℃），这时有机物便会随水蒸气一起被蒸馏出来。由于有机物不溶于水，当馏出液冷却后，有机物就会与水分层，这时便可通过分液的方式将其分离开来。

在水蒸气蒸馏的馏出液中，随水蒸气蒸出的有机物与水的摩尔数之比（n_A，n_B 表示此两种物质在一定容积的气相中的摩尔数）等于它们在沸腾时混合物蒸气中的分压之比，即

$$n_A/n_B = P_A/P_B \tag{2-3}$$

而

$$\begin{cases} n_A = m_A / M_A \\ n_B = m_B / M_B \end{cases} \tag{2-4}$$

其中，m_A，m_B 分别为各物质在一定容积中蒸气的质量；M_A，M_B 分别为其相对分子质量。因此，这两种物质在馏出液中的质量比可按照下式进行计算：

$$m_A/m_B = M_A \cdot n_A/M_B \cdot n_B = M_A \cdot P_A/M_B \cdot P_B \tag{2-5}$$

需要注意的是，上述关系式是在一种相对理想状态下得到的，即有机物与水完全不溶，但实际情况是，很多有机物在水中或多或少都有一定的溶解性，所以

上式得到的计算结果仅为近似值，实际值要比理论值稍低。

2.5.3 实验装置

参考图 2-9 安装水蒸气蒸馏装置。与普通的蒸馏装置相比，水蒸气蒸馏装置在前面增加了一个水蒸气发生器，发生器内插有一根长玻璃管，玻璃管距发生器底端 1 ~ 2 cm，其作用是调节体系的内部压力，以防装置发生堵塞时发生危险，发生器的水蒸气出口与冷阱相连，冷阱另一端连接蒸馏装置。[1,2]

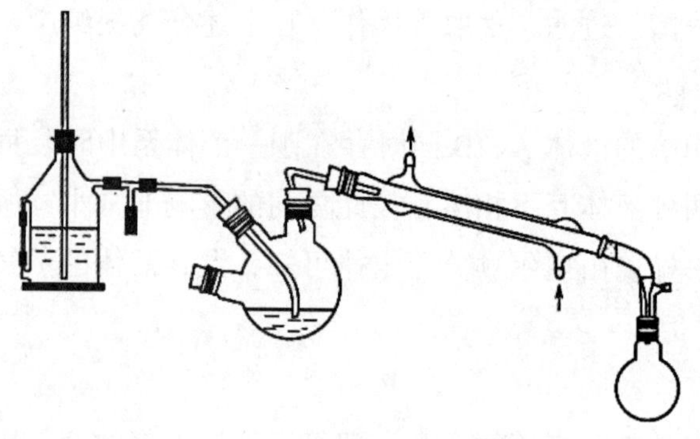

图 2-9　水蒸气蒸馏装置

水蒸气发生器如图 2-10 所示，其通常由铜板 A、水位计 B、长玻璃管 C、玻璃三通管 G 组成。另外，还有一种简易的玻璃水蒸气发生器，是由 500 mL 蒸馏瓶组装而成的一种水蒸气发生器，如图 2-11 所示。

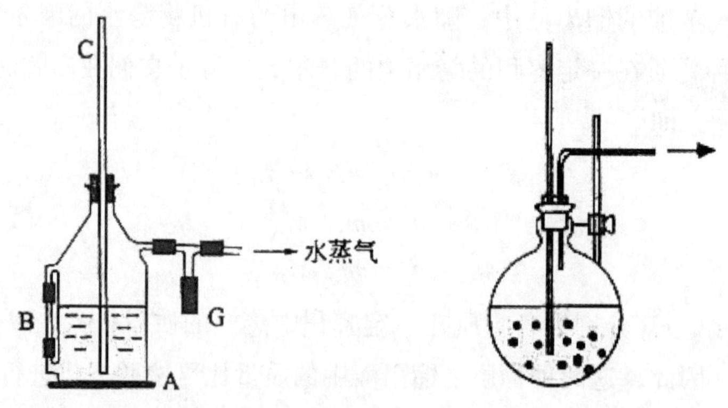

图 2-10 金属水蒸气发生器　图 2-11　简易水蒸气发生器

2.5.4 实验操作

（1）安装好仪器之后，对装置进行检查，检查无误后，通入冷凝水，打开三通管上的螺旋夹，然后对水蒸气发生器进行加热。

（2）在三通管中有水蒸气逸出之后，夹好螺旋夹，将水蒸气通入烧瓶中。[3]

（3）水蒸气通入烧瓶中之后，烧瓶内的液体逐渐沸腾，随后有馏出液流出，此时调节加热速度，将馏出液的速度控制在每秒 2 ～ 3 滴。

（4）当馏出液变得澄清透明时，停止加热。

在蒸馏完毕或中途需要中断时，要先打开三通管下口的夹子，使体系与大气相连后，才能停止加热，以避免烧瓶内的液体倒吸入水蒸气发生器中。[4] 另外，在蒸馏的过程中，如果发现发生器中玻璃管的水柱不正常上升，说明体系内的压力出现问题，此时需要立刻打开三通管下口的夹子，然后停止加热，找出故障原因，排出后再继续蒸馏。

2.5.5 思考题

（1）管路为什么要应尽可能接触到烧瓶的低端?

（2）为什么当馏出液变得澄清透明时便可以停止加热?

（3）在蒸馏的过程中，除了要时刻关注发生器中长玻璃管水柱的位置外，还有哪些事项需要注意?

[注释]

[1] 冷阱是一种玻璃三通管，一端与水蒸气发生器的蒸气出口相连，一端与蒸馏装置相连，下口连接一段胶管，用螺旋夹夹住，用以调节装置内的蒸气量。

[2] 冷阱与蒸馏装置连接的管路在不影响整体装置连接的基础上越短越好，因为管路过长，水蒸气经过管路后可能会发生冷凝现象，从而影响蒸馏的效率。此外，管路应尽可能接触到三颈烧瓶的低端。

[3] 为避免水蒸气通入烧瓶中出现冷凝现象，使三颈烧瓶中的液体变多，可提前用小火将三颈烧瓶中的液体适度加热。

[4] 如果不打开夹子，停止加热后，水蒸气发生器中的气压会因为温度的降低而降低，烧瓶中的液体会被倒吸入发生器中。

2.6 简单分馏

2.6.1 实验目的

（1）了解分馏的原理。

（2）掌握简单分馏的反应装置及其基本操作方法。

2.6.2 分馏的原理

分馏与蒸馏的原理是一样的，都是利用不同有机物之间沸点的不同达到分离、提纯的目的，所以分馏也可以视为多次蒸馏。不同的是，分馏在蒸馏的基础上增加了分馏柱，使多次的蒸馏只需要分馏装置便可以一次完成。另外，利用蒸馏的方法分离有机物，通常需要各组分之间的沸点相差 30 ℃以上，而精密的分馏装置可以将沸点相差 1 ℃ ~ 2 ℃的组分分离开来。

分馏柱是一根长而垂直、柱身有一定形状的空管，有些分馏柱中填有特殊的填料，其目的在于增大有机物气态和液态的接触面积，从而提高分馏的效率。在分馏的过程中，当混合物以蒸气的形式进入分馏柱中之后，沸点较高的组分会先被冷却，并变成液态下落，沸点低的则继续以蒸气的形式上升。在这个过程中，冷凝下落的液体有机物不断与上升的气态混合物接触，两者之间通过热量的交换，使沸点高的组分不断被冷却液化，而沸点低的组分不断上升，最终使沸点低的组分被蒸馏出来，沸点高的则流回烧瓶中，从而达到分离混合物的目的。

若要进一步了解分馏的原理，可以借助恒压下的沸点－组成曲线图（也叫相图，表示这两组分体系中相的变化）做进一步说明。通常，它是根据实验测定的各温度下气液呈平衡状态时的气相和液相的组成，以横坐标表示组成、纵坐标表示温度绘制而成的。图 2-12 是在 1 个大气压下苯－甲苯体系的沸点组成图，从图中可以看出，由 20% 苯和 80% 甲苯组成的液体（L_1）在 102 ℃时沸腾，和此液相平衡的蒸气（V_1）组成约为 40% 苯和 60% 甲苯。若将此组成的蒸气冷凝成同组成的液体（L_2），则与此溶液成平衡的蒸气（V_2）组成约为 70% 苯和 30% 甲苯。显然，如此继续重复，即可获得接近纯苯的气相。

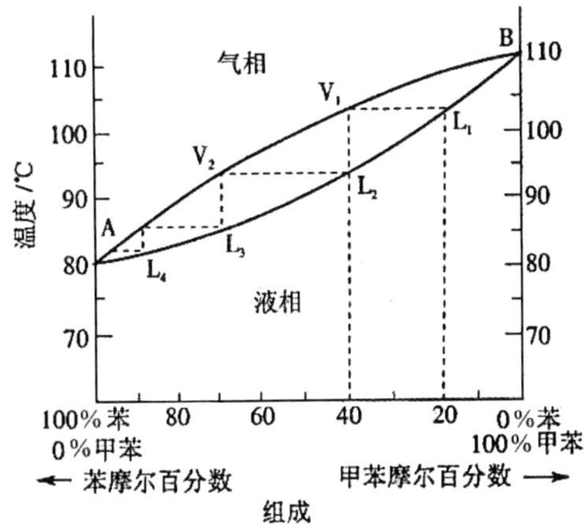

图 2-12　1 个大气压下苯－甲苯体系的沸点组成图

需要指出的是，用分馏分离不同沸点物质的效率虽然较高，但并不是所有沸点不同的物质都能够用分馏的方法，因为有些物质以一定比例混合后，会形成具有固定沸点的共沸物，将这些混合物进行加热后，分馏出的产物依旧是混合物。这种混合物称为共沸混合物。[1]

2.6.3 分馏装置

参考图 2-13 安装分馏装置。与普通蒸馏相比，分馏装置增加了分馏柱。目前，有机化学实验室中常用的分馏柱有两种：刺形分馏柱与填充式分馏柱。刺形分馏柱 [图 2-14（a）] 也被称为韦氏分馏柱，其结构较为简单，柱内部每隔一段距离便会设置三根向下倾斜的刺状物玻璃柱，在柱之间相交。此种分馏柱分馏的效率较低，多用于分馏少量且沸点相差较大的液体。填充式分馏柱 [图 2-14(b)] 在柱内填充一些惰性材料，如玻璃管、陶瓷、玻璃珠等。相较于刺形分馏柱，填充式分馏柱分馏的效率较高，常用于分馏一些沸点相差较小的液体。

通常情况下，同一种分馏柱，分馏柱越高，分馏的效率也越高，但分馏柱过高反而会影响馏出液的收集，所以分馏柱的高度要适中。

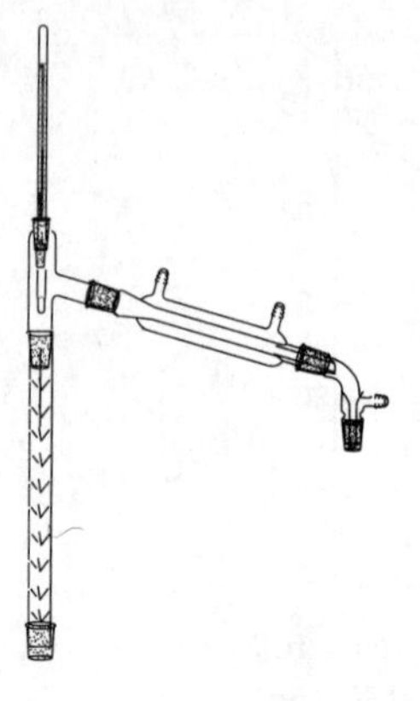

图 2-13　分馏装置

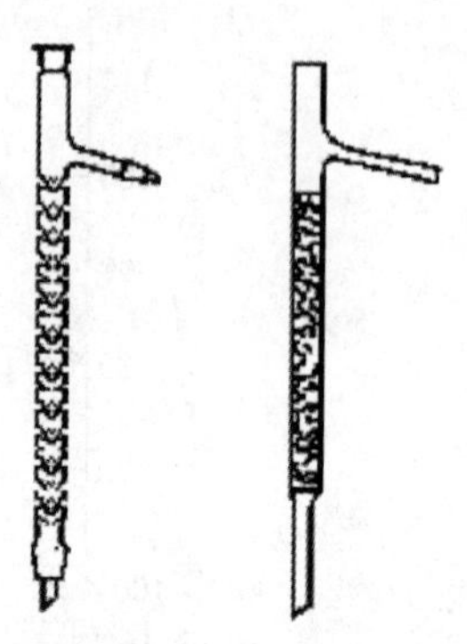

（a）刺形分馏柱　（b）填充式分馏柱

图 2-14　分馏柱

2.6.4 分馏操作

分馏的操作与蒸馏相似，将待分馏的液体加到烧瓶中，加入沸石，装上分馏柱与温度计，将分馏柱的支管与冷凝管相连，然后连接接收管和接收瓶。

根据要分馏的液体选择适宜的热源，当液体沸腾后，调节加热的速度，使蒸气缓慢上升。当有馏出液流出后，再次调节加热的速度，使馏出液速度控制在每 2 ～ 3 秒一滴。[2] 等到低沸点组分蒸馏完之后，再逐渐升高加热的温度，使第二个组分开始馏出，当第二个组分蒸馏完之后，继续升高温度，直至全部组分被蒸馏出，停止加热。

2.6.5 思考题

（1）填充式分馏柱中加入填充物之后为什么分馏的效率更高？

（2）分馏与蒸馏在原理、装置以及操作上有何异同？

（3）为了提高分馏的效率，在操作中有哪些需要注意的地方？

2.6.6 注释

[1] 几种常见的共沸混合物及沸点如表 2-7 所示。

表 2-7　几种常见的共沸混合物及沸点

共沸混合物	组成（沸点 /℃）	沸点 /℃	各组分含量 /%
二元共沸混合物	水（100）	69.4	8.9
	苯（80.1）		91.1
	水（100）	78.2	4.4
	乙醇（78.4）		95.6
	乙醇（78.4）	67.8	32.4
	苯（80.1）		67.6
三元共沸混合物	水（100）	64.4	7.4
	乙醇（78.4）		18.5
	苯（80.1）		74.1

[2] 分馏时馏出液的速度不能太快，否则会导致分馏的效果变差，使产物的纯度降低；但也不能太慢，这样容易使上升的蒸气时断时续，从而造成馏出液温度的波动。

2.7 萃取

2.7.1 实验目的

（1）了解萃取的基本原理。

（2）掌握分液漏斗与索氏提取器的操作方法。

2.7.2 液液萃取

1. 液液萃取的原理

萃取是提纯有机物的常用方法之一，其利用的待萃取物在两种互不相溶的溶剂中具有不同的溶解度或分配比，使待萃取物从一种溶剂中转移到另一种溶剂中，从而达到将待萃取物分离出来的目的。在液液萃取中，因为待萃取物在两种互不相溶的溶剂中的分配比不可能达到 0 ∶ 1，所以往往需要多次萃取，而萃取的次数取决于待萃取物在两种互补相溶的溶剂中的分配系数。液液萃取遵循“少量多次”的原则，一般为 3 ～ 5 次。多次萃取后将萃取液合并，然后根据萃取液的性质做进一步的提纯处理。

2. 萃取剂的选择

萃取剂的选择通常依据待萃取物的性质而定，如难溶于水的物质用石油醚萃取，易溶于水的物质用乙酸乙酯萃取；而对于较易溶于水的物质，则用乙醚或苯萃取。此外，萃取剂的沸点不易过高，化学稳定性应较高，毒性要小。[1]

3. 萃取操作

（1）操作前的准备工作

①分液漏斗上的旋塞要用橡皮筋绑好，分液漏斗上口的玻璃塞也要通过橡皮筋或者细线与分液漏斗的颈部连接起来，避免操作时脱落。

②取下旋塞，在旋塞两侧涂抹适量的凡士林，然后将旋塞放回分液漏斗中并旋转数次，使凡士林均匀分布。[2]

③涂抹凡士林后，用水或者少量萃取剂检验分液漏斗是否漏水，旋塞处需要旋转 180°，两次都不漏水即可。

（2）萃取与洗涤

①将分液漏斗置于固定在铁架台上的铁环上，关闭旋塞，在分液漏斗下放置一个锥形瓶，然后将待萃取溶液与萃取剂从分液漏斗的上口倒入，盖紧顶塞。[3]

②取下分液漏斗并振摇，使漏斗中的液体充分接触。振摇时，应使漏斗下口斜向上倾斜 30 ～ 45°，右手握在漏斗上口处，并用手掌或食指根部顶住顶塞，防止顶塞脱落；左手握在旋塞处，并用左手的拇指、食指按住旋塞把手，一方面防止旋塞脱落，另一方面便于控制旋塞，如图 2-15 所示。

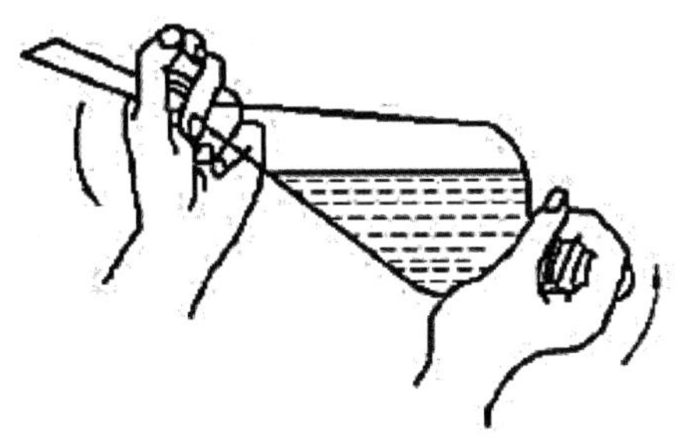

图 2-15　分液漏斗的振摇

③振摇数秒后，保持分液漏斗的倾斜度，打开旋塞，放出漏斗内的气体。[4] 放气完毕后，关闭旋塞继续振摇，如此数次，直到漏斗内不再有明显的气体放出。

（3）分离

①将分液漏斗置于铁环上，静置分层。[5]

②待溶液分层后，先通过顶塞的放气孔放气，然后打开旋塞将下层的液体放出，速度先快后慢，如图 2-16 所示。

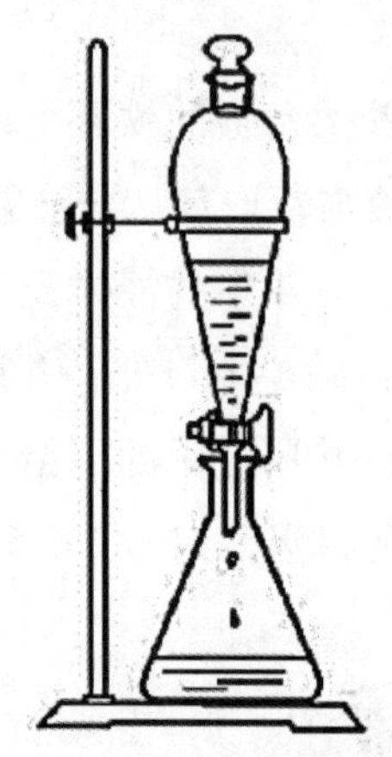

图 2-16　分液漏斗分液

③当两相的分层面接近漏斗旋塞时，关闭旋塞，取下分液漏斗轻轻振摇，使附着在漏斗壁上的液体混合到溶液中，再次静置；待溶液分层后，再将下层的液体缓慢放出，重复数次，直到将下层的液体全部放出。

④将上层溶液从分液漏斗的上口倒出。一般在实验结束之前，应先保存分离后的溶液，避免因为操作失误而导致实验失败。

2.7.3 固液萃取

1. 固液萃取的原理

固液萃取用于从固相中提取物质，它利用溶剂对样品中待提取物和杂质的溶解度不同来达到分离提纯的目的。它将多孔性物质（有时键合了特定的有机物）作为固定相，当样品流过时，某些组分被固定相萃取，另一些组分随溶剂流出，被固定相萃取的组分经过清洗后用少量洗脱液洗脱，以达到分离提纯的目的。

2. 固液萃取操作

1. 简单萃取操作

将固体混合物研细，转移到容器中，加入适量溶剂，振荡使溶剂与固体混合物充分接触，然后用过滤或倾析的方法将溶液与固体分离开来。如果被萃取的物质溶解度很大，也可以将固体混合物研细后放置于带滤纸的锥形玻璃漏斗中，并用溶剂洗涤，从而将待萃取物质从固体混合物中分离出来。

2. 索氏提取器

当待萃取物质的溶解度很小，采取简单萃取的方式需要消耗大量的萃取剂并需要消耗很长的时间时，可采用索氏提取器来萃取（图 2–17）。[6]

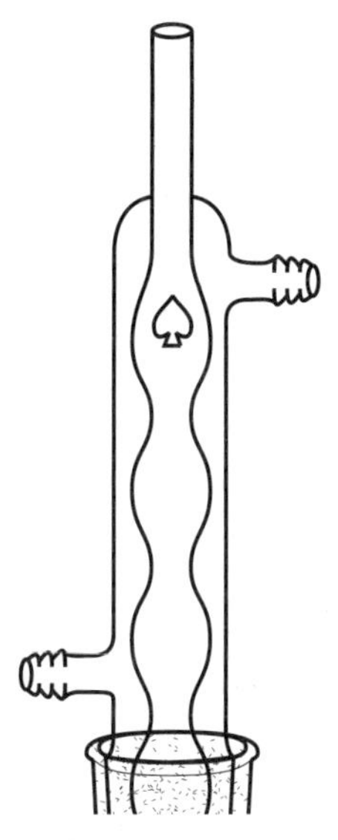

图 2–17　索氏提取器

将固体混合物研细后装入滤纸筒中，滤纸筒的直径应小于提取筒的内径，其高度一般要超过虹吸管，但是样品不得高于虹吸管。将滤纸筒置于提取筒中。烧瓶内盛溶剂，并与提取筒相连，提取筒上端接冷凝管，溶剂受热沸腾，其蒸气沿提取筒侧管上升至冷凝管，冷凝为液体，滴入滤纸筒中，并浸泡筒内样品。当液面超过虹吸管最高处，即虹吸回流至烧瓶时，可以萃取出溶于溶剂的部分物质。如此多次重复，把要提取的物质富集于烧瓶内。提取液经浓缩除去溶剂后，得到所要产物，必要时可用其他方法进一步纯化。

2.7.4 思考题

（1）使用分液漏斗时有哪些注意事项？

（2）分液后的上层溶液为什么从分液漏斗的上口倒出？

（3）如何快速判断分层后的上下层溶液分别是什么溶液？

[注释]

[1] 萃取剂的沸点过高不易回收，甚至在溶剂回收时可能使产品发生分解。

[2] 旋塞处凡士林的涂抹不能过多，否则容易发生堵塞。

[3] 萃取剂和待萃取溶液的总量不能超过分液漏斗总体积的 2/3。

[4] 因为很多萃取剂的沸点较低，振摇后会产生一定的蒸气压，再加上原有溶液与空气的压力，使漏斗内的压力超过大气压，如果不放气，随着漏斗内的压力不断变大，就会顶开塞子发生喷液。另外，在放气的时候，漏斗的出气口应远离他人。

[5] 有时溶液会发生乳化现象，两相不能分层，此时可进行如下处理：

① 长时间静置。

② 加入少量电解质破坏乳化。

③ 如果因溶液呈碱性而产生乳化，可加入少量的稀硫酸破坏乳化。

[6] 索氏提取器由烧瓶、提取筒、回流冷凝管三部分组成。它利用溶剂的回流及虹吸原理，使固体物质每次都被纯的热溶剂所萃取，减少了溶剂用量，缩短了提取时间，具有较高的效率。

2.8 重结晶

2.8.1 实验目的

（1）学习重结晶提纯的原理与方法。

（2）掌握滤纸折叠方法以及抽滤、热过滤的基本操作。

2.8.2 实验原理

重结晶是利用溶解的方法将晶体的结构破坏，然后通过改变外界条件的方式让晶体重新生成一种提纯有机化合物的常用方法。

固体化合物在溶剂中的溶解度与温度密切相关，通常情况下，温度越高，物质的溶解度越大，反之亦然。如果将某固体化合物制成热的饱和溶液，然后降低

溶液温度，此时由于溶质的溶解度下降，溶液呈过饱和状态，化合物便以晶体的形态析出。对于同一种溶剂而言，不同固体化合物的溶解度不同，重结晶便是利用不同物质在溶剂中不同的溶解度，使溶解性好的杂质留在母液中（或者使溶解性差的杂质析出），从而达到分离提纯的目的。

重结晶一般适用于杂质含量小于 5% 的固体混合物，如果混合物的杂质含量过高，通常先采用其他方法进行初步提纯（如蒸馏、萃取等），然后再用重结晶的方法提纯。

2.8.3 实验步骤

1. 用水重结晶乙酰苯胺

称取 5 g 乙酰苯胺，放在 250 mL 三角烧瓶中，加入适量纯水，加热至沸腾，直至乙酰苯胺溶解，若不溶解，可适量添加少量热水，搅拌并热至接近沸腾使乙酰苯胺溶解。如果有颜色，待稍稍冷却后，加入适量（约 0.5 ～ 1 g）活性炭于溶液中，煮沸 5 ～ 10 min，趁热用放有折叠式滤纸的热水漏斗过滤，用三角烧瓶收集滤液。在过滤过程中，热水漏斗和溶液均用小火加热保温以免冷却。滤液放置冷却后，有乙酰苯胺结晶析出，然后进行抽滤，抽干后，用玻璃钉压挤晶体，继续抽滤，尽量除去母液，再进行晶体的洗涤工作。取出晶体，放在表面皿上晾干，或在 100 ℃以下烘干，称量。乙酰苯胺的熔点为 114 ℃。

乙酰苯胺在水中的溶解度：5.5 g/100 mL（100 ℃）；0.56 g/100 mL（25 ℃）。

为方便理解，下面介绍一下溶剂的选择方法。

选择适宜的溶剂是重结晶的第一步，也是至关重要的一步，理想的溶剂通常具备下述条件：

（1）不与被提纯的物质发生化学反应。

（2）温度较高时被提纯物质的溶解度较高，温度较低时被提纯物质的溶解度较低；

（3）杂质的溶解度很高或者很低。[1]

（4）容易挥发（溶剂的沸点较低），易于结晶分离除去。

（5）能析出较好的晶体。

除上述条件外，在选择溶剂时还需要结合操作的难易程度、结晶的回收率、溶剂的毒性、溶剂的易得性等条件进行综合考虑。

在化学实验室中，常用的重结晶溶剂有水、冰醋酸、甲醇、乙醇、氯仿、乙醚、丙酮、苯、甲苯等。

除了选择单一的溶剂，有些时候还可以选用混合溶剂。混合溶剂一般由两种能够互溶的溶剂组成，其中的一种溶剂对被提纯物质有着很高的溶解度，另一种溶剂对被提纯物质有着很低的溶解度。在实验室中，常用的混合溶剂有水和乙醇、水和乙酸、水和丙酮、苯和石油醚等。

在选择溶剂时，可通过以下方法检验溶剂是否可用：取 0.1 g 被提纯的固体置于小试管中，加入约 1 mL 的溶剂，加热至沸腾，如果固体完全溶解，且冷却后析出大量晶体，则说明溶剂可用；如果固体完全溶解，但冷却后不能析出晶体，则说明溶剂不可用。如果加热后固体不能完全溶解，则分次加入溶剂，每次加入 0.5 mL，并加热沸腾，如果在 3 mL 内固体能够完全溶解，且冷却后有大量晶体析出，则说明溶剂可用；如果超过 3 mL 溶剂，固体仍未完全溶解，则说明溶剂不可用；如果固体在 3 mL 热溶剂中能完全溶解，但冷却后没有析出晶体，则说明溶剂不可用。

2. 加热溶解

加热的目的是让固体充分溶解，形成饱和溶液。具体做法如下：将固体混合物置于锥形瓶中，加入比所需要量稍少的溶剂，加热沸腾后如果固体没有完全溶解，则继续加入溶剂并保持溶液沸腾，直至固体完全溶解。[2] 在溶解的过程中要注意溶液中是否存在不溶物，避免溶剂加入的量过多。[3]

选用水作为溶剂时，可在烧杯或锥形瓶中加热溶解；如果用有机物作为溶剂，则必须用锥形瓶或圆底烧瓶，并在上面安装回流冷凝管，并根据溶剂的性质选择合适的加热源。

3. 脱色

如果在加热溶解的过程中出现了不应该出现的颜色或者颜色较深，则应该做脱色处理。具体做法如下：移去加热源，待溶液稍冷后加入活性炭，加热煮沸，5 ～ 10 min 后趁热过滤。[4] 活性炭加入的量一般为固体混合物的 1% ～ 5%，如果不能完全脱色，可继续加入 1% ～ 5% 的活性炭，重复上述操作。

4. 热过滤

为了除去不溶的杂质，重结晶必须进行热过滤。在实验室中，热过滤有以下两种方法。

（1）普通过滤。普通过滤就是借助液体自身的重力进行过滤的方式，通常采用短颈三角漏斗，减少或避免晶体在漏斗颈中析出。漏斗内放置折叠滤纸（也称伞形滤纸）以加快过滤的速度。

滤纸的折叠方法如图 2–18 所示，取一张大小合适的圆形滤纸对折成半圆形，再对折呈圆形的四分之一，展开如图 2–18（a）所示；以 1 对 4 折出 5，3 对 4 折出 6，1 对 6 折出 7，3 对 5 折出 8，如图 2–18（b）所示；以 3 对 6 折出 9，1 对 5 折出 10，如图 22–18（c）所示；然后在 1 和 10，10 和 5，5 和……9 和 3 间各反向折叠，如图 2–18（d）所示；把滤纸打开，在 1 和 3 的位置各向内折叠一个小叠面，最后做成如图 2–18（e）所示的折叠滤纸。在每次折叠时，在折纹近集中点处切勿对折纹重压，否则在过滤时滤纸的中央易破裂。

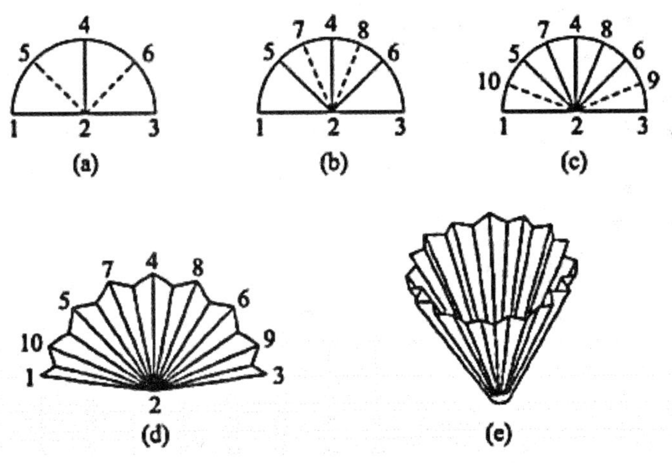

图 2–18　折叠滤纸的折叠方法

（2）保温漏斗过滤。保温漏斗是一种带有保温作用的夹套式漏斗，其夹套是金属套内安装一个长颈玻璃漏斗而形成的，如图 2–19 所示。过滤时将热水倒入夹套中，用酒精灯在测管处加热，漏斗中放入折叠滤纸，用少量溶剂润湿，然后将待过滤的热溶液倒入漏斗中。[5]

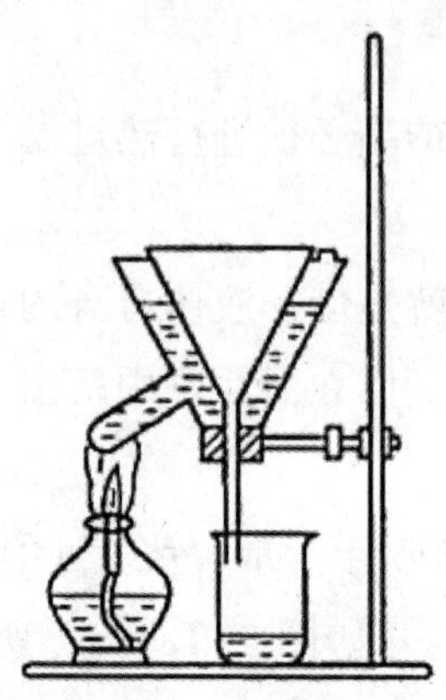

图 2-19　保温漏斗过滤

5. 冷却晶体

当热溶液温度降低，溶解度变小时，溶质便会从中析出。此步的关键是冷却的速度，如果冷却速度过快，得到的结晶一般很细，表面积也大，但表面上吸附的杂质也会较多；如果冷却的速度过慢，得到的晶体较大，但过大的晶体的内部往往会包含一些母液或杂质。因此，要得到纯度高、结晶好的产品，需要控制冷却的温度。一般情况下，让热滤液在室温下静置冷却即可。如果在冷却的过程中没有晶体析出，则可用玻璃棒轻轻摩擦容器内壁，或者加入少量该溶质的结晶，引入晶核，促进晶体的析出。如果仍旧不能析出晶体，则可对溶液进行冷水浴或者放到冰箱中，使晶体析出。

6. 抽滤、洗涤结晶

抽滤选用布氏漏斗（图 2-20）与抽滤瓶，抽滤瓶与抽气泵之间需要连接一个安全瓶（图 2-21），避免因操作不慎导致泵中的水倒流。在布氏漏斗中放入圆形滤纸，滤纸的直径要小于布氏漏斗的内径，但能够将布氏漏斗的小孔全部覆盖。用溶剂将滤纸润湿，将待抽滤的溶液分批倒入漏斗中。[6] 如果容器的器壁上残留有少量的结晶，则可用少量母液冲洗，然后一并倒入漏斗中抽滤。

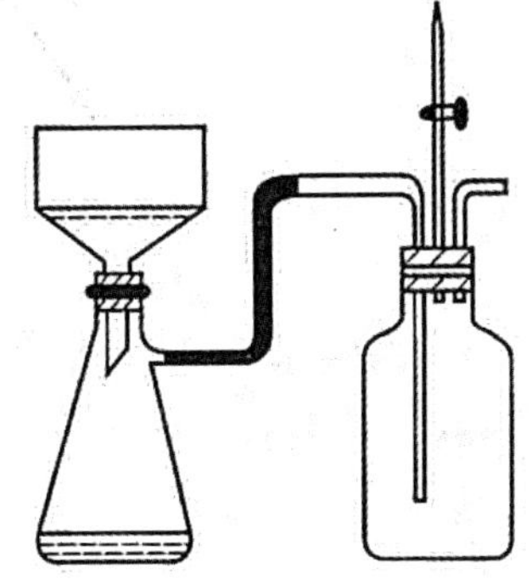

图 2–20 布氏漏斗　　图 2–21　抽滤装置

待母液抽尽后，为了洗去吸附在晶体表面的母液，需要用少量的溶剂洗涤结晶。洗涤时，应停止抽气，加入少量溶剂，然后用玻璃棒轻轻搅动晶体，使晶体表面被溶剂润湿，然后再进行抽滤，将溶剂抽干。结晶体一般需要洗涤 1 ～ 2 次。在抽滤的过程中，如果需要关闭抽气泵，则应先打开安全瓶上通大气的旋塞。

7. 干燥

抽滤和洗涤后的结晶表面吸附有少量的溶剂，为了得到纯度较高的产品，需要进行干燥处理。在实验室中，通常采用自然晾干的方式，即将晶体在表面皿上铺成薄薄的一层，在室温下放置晾干，为了避免杂物落到结晶上，可在结晶上层覆盖一张滤纸。对于对热稳定的物质，可采用烘箱干燥或红外灯干燥的方式。

2.8.4 思考题

（1）热过滤操作中有哪些需要注意的地方？

（2）热过滤以及抽滤时为什么都要先用溶剂润湿滤纸？

（3）布氏漏斗中的圆形滤纸为什么要小于布氏漏斗的内径？

（4）在关闭气泵前为什么需要先打开安全瓶上通大气的旋塞？

（5）在使用有机溶剂重结晶时，有哪些需要注意的地方？

［注释］

[1] 若杂质的溶解度很高则可以留在母液中不随要提纯的物质一起析出，若杂质的溶解度很低则可以通热过滤的方式除去。

[2] 所需要的溶剂量可以通过查溶解度数据或者用试验的方法得到一个粗略的数值。

[3] 一般情况下，加入溶剂的量比查到或试验得到的数值多 20% 即可。溶剂量过多，会影响结晶的析出；溶剂量过少，则在热过滤时可能会因为温度的降低导致晶体在漏斗上析出。

[4] 切忌在沸腾的溶液中加入活性炭，这样容易引发爆沸，导致溶液冲出容器。

[5] 如果过滤的溶液易燃，过滤时需要将酒精灯熄灭。

[6] 布氏漏斗中的溶液不超过漏斗深度的 3/4。

2.9 升华

2.9.1 实验目的

（1）了解升华的原理和意义。

（2）掌握实验室中升华的操作方法。

2.9.2 实验原理

固体物质受热后不经熔融就直接转变为蒸气，该蒸气经冷凝又直接转变为固体，这个过程称为升华。升华是纯化固体有机物的一种方法，其利用固体的不同蒸气压来达到纯化的目的。利用升华的方法不仅可以将不同挥发度的固体混合物分离开来，还可以除去不易挥发的杂质。通过升华纯化的固体物质的纯度较高，但由于升华操作费时，且损失较大，通常只用于实验室少量物质的纯化。

物质有三态：固态、液态和气态。固态晶体质点在晶格点中不断进行振动，动能大的质点会脱离晶格表面，进入气相，在密闭的空间，这些进入气相的质点又有部分重新回到晶体表面，当由晶体表面进入气相重新回到晶体表面的质点数相同时，便达到了平衡。平衡时由气态质点产生的压力，叫该固体物质的饱和蒸气压，简称蒸气压。

将晶格加热，温度上升，蒸气压变大。以温度为横坐标，以蒸气压为纵坐标

作图，可得到物质的三相平衡图（图 2-22）。从下图可知，在 *S* 点（三相点）以下的温度与压力状态下不可能存在液态；在熔点以下任一温度的固体的蒸气压如曲线 *SA* 所示，这一曲线代表着气相与固相的平衡，对理解升华至关重要。

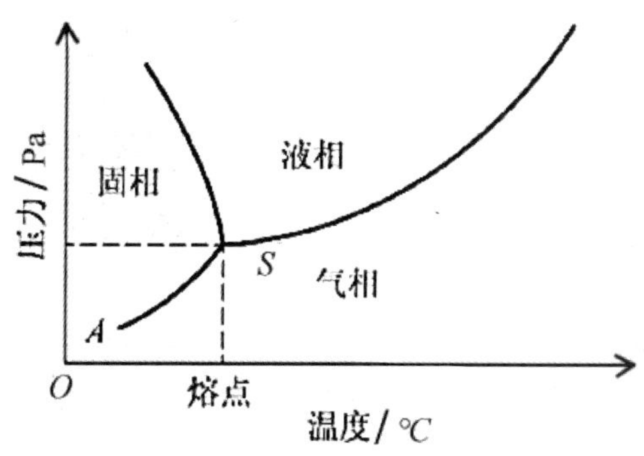

图 2-22　物质的三相平衡图

在三相点（*S* 点）以下，物质只有固态和气态两种状态，如果温度降低，物质将直接从气态变为固态；如温度升高，则物质直接从固态变为气态。因此，升华操作一般在三相点以下的温度进行。如果某物质在三相点温度以下的蒸气压很高，气化速率就会很大，就可以很容易地从固态直接变成蒸气，且此物质蒸气压随温度降低而下降非常显著，稍降低温度即能由蒸气直接转变成固态，则此物质可很容易地在常压下用升华方法来纯化。和液态化合物的沸点相似，固体化合物的蒸气压等于固体化合物表面所受压力时的温度，即为该固体化合物的升华点。

2.9.3 升华的操作

1. 常压升华

实验室中常用的常压升华装置如图 2-23 所示。[1] 将待升华的物质粉碎并充分干燥，然后均匀地铺在蒸发皿上，上面覆盖一张穿有多个小孔的滤纸，将大小适宜的玻璃漏斗倒盖在上面，漏斗的颈口处用少量棉花堵住，以防止蒸气外逸，造成产品损失。用沙浴的方式加热蒸发皿，加热过程中注意控制温度，使其低于物质的熔点。蒸气通过滤纸的气孔上升，冷却后结晶在玻璃漏斗的内壁或滤纸上，如果没有结晶出现，则可在漏斗的外壁裹上湿布降温，从而促进蒸气冷却。

如果升华物质的量较大，则可在烧杯中进行，即将待升华的物质置于烧杯中，烧杯上放置一个通有冷水的烧瓶，加热烧杯，使蒸气在烧瓶的底部凝结成结晶，如图 2-24 所示。

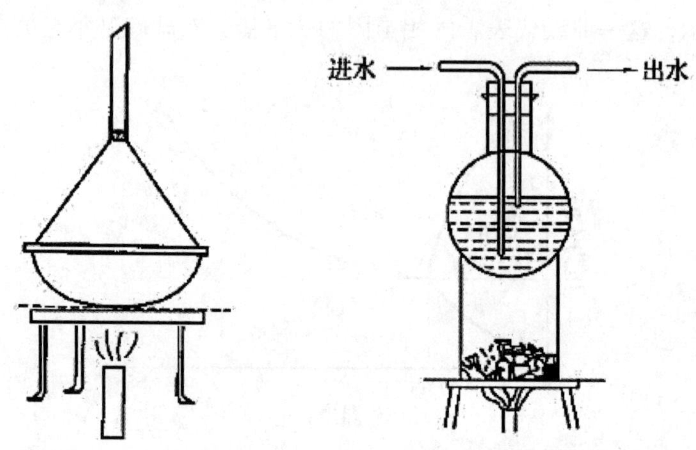

图 2-23 常压升华装置之一　　图 2-24　常压升华装置之二

2. 减压升华

将待升华的物质置于吸滤管中，然后用装有冷凝指的橡胶塞堵住管口，吸滤管用抽气泵减压，然后用水浴或油浴的方式缓慢加热吸滤管，蒸气上升，结晶于冷凝指的表面。[2] 升华结束后，关闭抽气泵，小心取出冷凝指，并将结晶物从冷凝指上小心刮下。

2.9.4 思考题

（1）加热过程中为什么要控制温度低于升华物质的熔点？

（2）减压升华结束后，有哪些需要注意的地方？

（3）升华操作的关键是什么？

[注释]

[1] 冷却面与升华物质的距离应尽可能接近一些。

[2] 在减压升华装置中，用水（或空气）冷却的中心试管被称为冷凝指。

2.10　熔点测定

2.10.1 实验目的

（1）了解熔点测定的意义与原理。

（2）掌握熔点测定的操作方法。

2.10.2 实验原理

熔点是纯物质的固体在一定压力下达到固－液两态平衡时的温度，纯固体物质通常有固定的熔点，且固－液两相之间的变化非常敏感，熔程也较短，一般在 0.5 ℃～1 ℃。[1] 如果混有杂质，则熔点会发生明显的变化，且熔程会变长。因此，通过测定物质的熔点，可以判断物质的纯度。

图 2-25 是纯固体物质的温度与蒸气压曲线示意图。其中，*SM* 表示固态的蒸气压随温度升高的曲线，*ML* 表示液态的蒸气压随温度升高的曲线。在两个曲线的交叉点 *M* 处，固态、液态、气态三相共存，而且达到平衡，此时的温度 T_M 即该纯固体物质的熔点。当温度高于 T_M 时，固相的蒸气压较液相的蒸气压大，固相全部转化为液相；当温度低于 T_M 时，液相则转变为固相。只有在温度为 T_M 时，固－液两相的蒸气压相同，固－液两相才可同时存在。因此，一个纯固体物质的熔点是很敏锐的，理论上是一个温度，实际上是一个很窄的温度范围（熔程）。

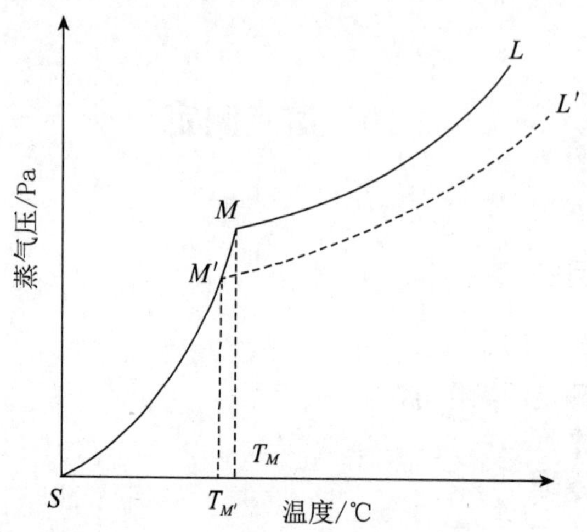

图 2-25 物质蒸气压随温度变化曲线示意图

将一个纯固体物质以恒定速率加热，则升温速度与时间变化均为恒定数值，用加热时间和温度作图可得图 2-26。温度升高，固体的蒸气压增大，当温度达到熔点 T_M 时，先有少量液体出现，而后固 - 液两相达到平衡，这时所提供的热量使固体熔化并转化为液体，而体系的温度不会升高，待固体全部熔化后，液体温度才逐渐上升。

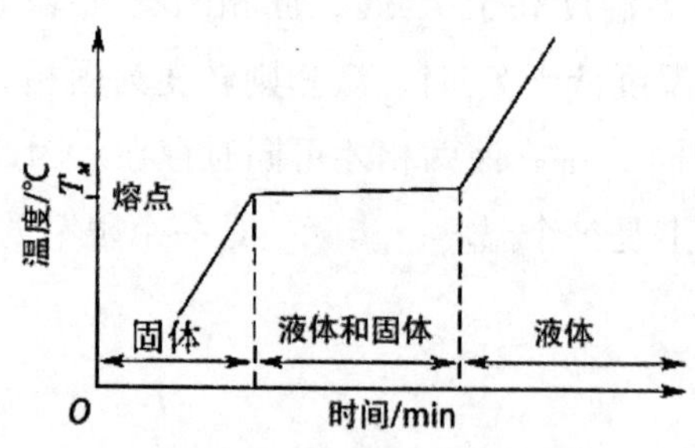

图 2-26 相随时间和温度变化示意图

如果固体化合物中存在杂质，则会使其熔点降低，熔程增大。由拉乌尔（Raoult）定律可知，在一定温度和压力下，增加溶质的摩尔数，会导致溶剂的蒸气分压降低，这时的蒸气压 - 温度曲线是图 2-25 中的 $SM'L'$，M' 是三相点，相应温度是 $T_{M'}$，其低于 T_M。这就是有杂质存在的有机物熔点降低的原因。

另外，少数化合物在没有达到熔点之前便会有局部发生分解的现象，这是因

为分解物的作用与可熔性杂质相似，导致这一类化合物没有恒定的熔点。

2.10.3 熔点测定的方法

1. 毛细管法

（1）熔点管的制备。将拉制好的直径 1 ～ 1.5 mm、长 7 cm 的毛细管一端熔封，作为熔点管备用。

（2）样品填装。将要测定的样品研成很细的粉末，然后置于干净的表面皿上，将制备的熔点管的开口一端插入粉末，使样品进入熔点管中，再使熔点管开口一端向上，底端轻轻敲击桌面，使粉末落到管底。取一根长约 30 cm 的玻璃管，将熔点管从玻璃管的一端自由落下，重复数次，使样品的粉末夯实。[2] 重复上述操作，直至熔点管中样品的高度达到 2 ～ 3 mm。擦净熔点管外附着的样品，避免污染加热的浴液。

（3）仪器安装。实验室中常用的仪器为 b 形熔点测定管（图 2–27），也称提勒管。管内加入浴液，高度稍稍高于叉管处，管口用开口软木塞，木塞内插有温度计，刻度面向木塞的开口，水银球位于 b 形管上下两叉管口之间。[3] 在插入温度计前要先将熔点管用橡皮圈固定在温度计上（注意橡皮圈的位置要在浴液液面之上），熔点管样品位置处于水银球中部。

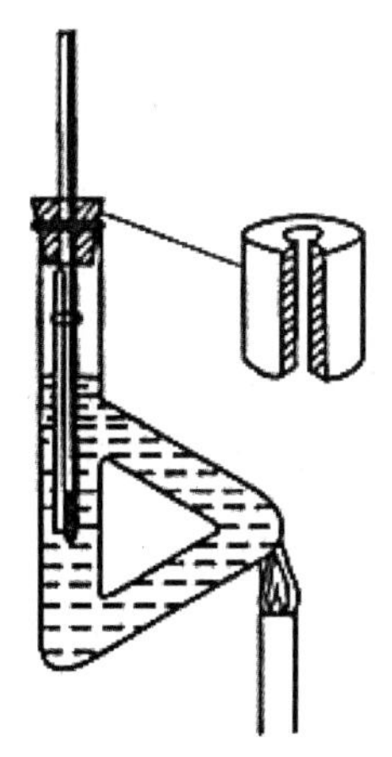

图 2–27　b 形熔点测定管装置

实验室中常用的浴液有浓硫酸、液体石蜡、甘油和硅油。当加热温度低于

140 ℃时，可选择甘油与液体石蜡。当加热温度高于 140 ℃时，可选择浓硫酸或硅油。浓硫酸具有极强的腐蚀性，加热时要控制速度，避免浓硫酸溅出伤人。另外，当有机物掉落到浓硫酸中，会发生碳化现象，使浴液变黑，从而影响实验的呈现效果。相较于浓硫酸，硅油比较稳定，无腐蚀性，透明度高，且加热温度可达到 250 ℃，但价格较为昂贵。

（4）实验操作

①粗测。如果测定的样品是未知物，则需要先粗测一次。粗测时，升温速度可稍快一些（每分钟 5 ℃ ~ 6 ℃），观察样品融化情况，记录一个近似的熔点。

②精测。对于已知的物质以及进行了一次粗测的未知物，可进行精测。精测时，开始升温的速度可稍快（每分钟 5 ℃ ~ 6 ℃），当距离熔点 10 ℃ ~ 15 ℃时，降低升温速度，以每分钟 1 ℃为宜。当接近熔点时，升温速度应再次放慢，并仔细观察样品的融化情况。[4] 当样品开始塌陷并有液相产生（部分呈透明色）说明样品开始初熔；当药品全部变为液体（全部透明），则说明样品全熔。

③记录。记录下样品初熔和全熔的温度。一般已知物需要精测两次，两次记录的数值误差不能大于 ±1 ℃；未知物需要测定三次，一次粗测，两次精测，两次精测的结果同样不能大于 ±1 ℃。[5]

另外，在加热过程中，如果出现变色、萎缩、升华、发泡、碳化等现象也要如实记录。

④后处理。熔点测定完毕后，取下温度计，待其自然冷却到室温后再用水冲洗干净。如果实验浴液为浓硫酸，应先擦去温度计上的浓硫酸，再用水冲洗。待 b 形管中的浴液冷却后，将其倒入回收瓶中，清洗 b 形管。

2. 熔点仪测定

本书以 WRS-1B 型数字熔点仪（图 2-28）为例，其具体操作如下：

（1）设置预置温度和升温速率（注意：此步骤，加热炉内没有样品粉末，待仪器温度稳定在预置温度时，才能进行下一步），用户可以使用“←”“→”“+”“-”四个功能键设置预置温度，设置完毕，按“预置”键让仪器控温至预置温度。如果需要继续设置升温速率，则按“回车”键，使光标移至速率处，通过“←”“→”“+”“-”四个功能键设置升温速率，设置完毕自动进入控温状态。

（2）待仪器温度稳定在预置温度时，将装有测试样品粉末的毛细管插入加热炉内，按升温键后，开始进行测量。屏幕上初熔、终熔后显示的数值便为测定样品的初熔值与终熔值。

（3）当样品测试完成后，系统自动记录样品的初熔值、终熔值，并且自动转到操作步骤（2），可测量下一组样品，若不测量，请关闭电源。

图 2-28　WRS-1B 型数字熔点仪

2.10.4 思考题

（1）测定未知物的熔点时，粗测的作用是什么？

（2）要准确测得物质的熔点，有哪些需要注意的地方？

（3）为什么装有样品的毛细管不能重复使用？

（4）如果产生下述情况，将会产生什么结果？并说明原因？

①熔点管壁太厚。

②熔点管不干净。

③样品没有研细或没有夯实。

④加热速度太快。

⑤样品中含有杂质。

[注释]

[1] 从初熔到全熔的温度范围。

[2] 熔点管中的样品粉末一定要夯实，如果有空隙，则容易导致样品受热不均，从而影响测定的结果。

[3] 软木塞开口是为了避免装置内形成密封体系。

[4] 已知物质可通过查阅资料得到，未知物质参考粗测的数值。常见标准样品的熔点如表 2-8 所示。

表 2-8　几种常见标准样品的熔点

样品名称	熔点 /℃	样品名称	熔点 /℃
二苯胺	53	萘	80
苯甲酸苯酯	70	乙酰苯胺	114.3
间二硝基苯	90	水杨酸	159
苯甲酸	122	蒽	215

[5] 每一次测定都要用新的熔点管，不能将已经使用的熔点管冷却后重新使用。

2.11　折光率测定

2.11.1 实验目的

（1）了解测定折光率的原理及意义。

（2）掌握阿贝折光仪的使用方法。

2.11.2 实验原理

光线从一种透明介质进入另一种透明介质时，由于不同介质之间的密度不同，光的传播速度不同，传播方向也会发生改变，这种现象称为光的“折射现象”。由折射定律可知，在固定的外界条件（如温度、压力）下，一定波长的单色光从介质 A 进入介质 B 时，入射角 α 与折射角 β 的正弦之比与两种介质的折光率（n_A，A 介质的折光率；n_B，B 介质的折光率）成反比。即

$$n_A \sin\alpha = n_B \sin\beta \tag{2-6}$$

如果介质 A 是真空，则 $n_A=1$，上式可变换为

$$n_B = \sin\alpha / \sin\beta \qquad (2-7)$$

因此，某一介质的折光率，就是光线从真空进入这种介质时入射角和折射角的正弦之比。这种折光率称为该介质的“绝对折光率”。通常测定的折光率都是以空气作为比较标准的。

与熔点、沸点一样，折光率也是物质的物理常数之一，不同的物质具有不同的折光率，所以通过测定物质的折光率，不仅可以使学生了解物质的光学性能、纯度和浓度，也可以作为确定未知物质的一个依据。[1]

在实验室中，通常使用阿贝折光仪测定物质的折光率，其光学原理（即光的折射现象）如图 2–29 所示，当光从介质 A 进入介质 B 时，如果介质 A 对于介质 B 是疏物质，即 $n_A < n_B$，则折射角 β 必小于入射角 α。当入射角 α 为 90° 时，$\sin\alpha=1$，这时折射角达到最大值，称为“临界角”，用 β_0 表示。在一定波长与一定条件下，β_0 也是一个常数，它与折光率的关系是

$$n=1/\sin\beta_0 \qquad (2-8)$$

由此可见，通过测定临界角 β_0，便可以测得折光率，这就是阿贝折光仪测定物质折光率的光学原理。

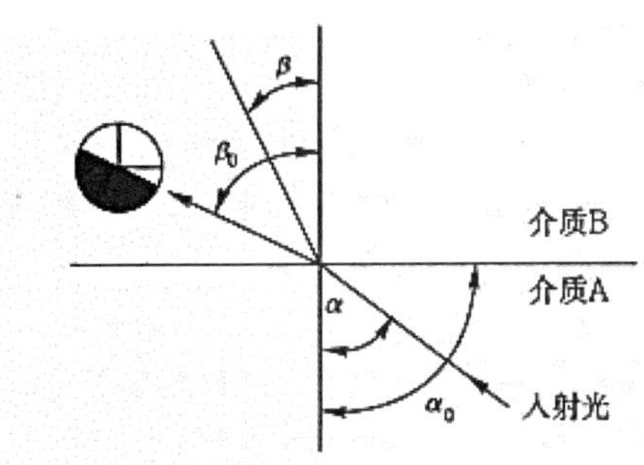

图 2–29　光的折射现象

阿贝折光仪主要由两块棱镜、镜筒和标尺组成（图 2–30）。棱镜外围有调温装置，镜筒内装有补偿棱镜、目镜、物镜等，标尺供测定时读数用。从折光仪上读到的数值并不是临界角度数，而是已经计算好的折光率，因此可直接读取折光率。因为折光仪上有消色散棱镜装置，所以可直接用白光作为光源，其测得的折光率与钠灯的 D 线所测得的数值相同。

图 2-30　阿贝折光仪

物质的折光率不仅与其结构有关，还受温度、光波等因素的影响，所以在测定物质的折光率时，要注意标明所用光线的波长以及测定时的温度，通常以n^tD表示。[2]D 表示以钠灯的黄光（D 线 589.3 nm）作为标准光源，t 表示测定时的温度。以 20 ℃时的蒸馏水为例，用钠灯的黄光作为光源，测得的折光率为 1.333 0，则表示为n_D^{20} =1.333 0。

通常情况下，物质的折光率以 20 ℃为准，所以在不同温度下测得的折光率还需要进行换算。在其他条件不变的情况下，物质折光率与温度的变化的关系是温度升高，折光率减少，通常温度每升高 1 ℃，折光率便会减少 0.000 35 ～ 0.000 55，为了便于计算，一般取 0.000 4 进行计算，由此，得到下列换算公式：

$$n_D^{t_1} = n_D^{t_2} + 0.0004\,(t_2 - t_1) \qquad (2-9)$$

式中：t_1 为测定时的温度；t_2 为标准温度（一般为 20 ℃）。

由温度变化导致的折光率变化所取的值为近似值，所以上述换算结果也是一个近似值，并不是十分精确的数值。尤其当温度与标准温度相差越大时，误差就会越大。因此，在测定物质的折光率时，应尽量调准测定时的温度，使测定温度与标准温度相同或接近，从而减小误差。

2.11.3 实验步骤

1. 准备

将阿贝折光仪置于光线充足的桌面上，调整反光镜，使目镜清晰。将两面棱镜分开，用稀有少量乙醚（或丙酮）的擦镜纸轻轻擦拭镜面，待乙醚（或丙酮）挥发后对仪器进行校正。

2. 校正

因为仪器在使用的过程中不可避免地会存在偏差，所以在使用仪器前应进行校正。在实验室中，一般用纯样品（如纯水）进行校正，具体操作如下：在已经擦拭干净的镜面上滴加 1 ～ 2 滴纯水，闭合棱镜并将其锁紧，转动棱镜转动手轮，使读数（在实验温度下）在纯水的折光率附近，然后转动消色散棱镜手轮消除彩带，使明暗分界线清晰；[3] 再次转动棱镜转动手轮，使明暗分界线对准视野中十字交叉线的交点（图 2-31），最后在读数目镜中读取标尺上的读数。读数与纯水折光率的差值便是校正值。重复上述操作 2 ～ 3 次，取平均值作为本次实验的校正值。

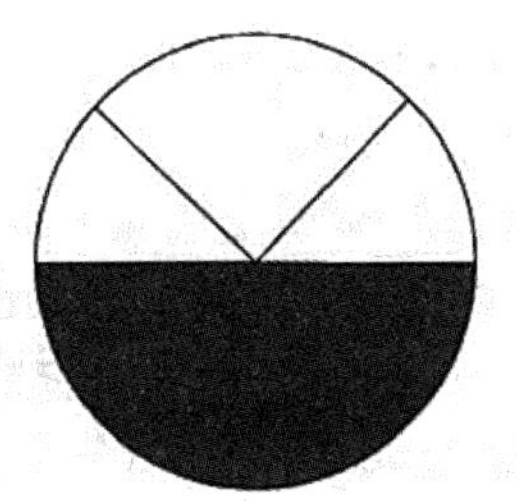

图 2-31　目镜内的视场

3. 测量

将两面棱镜分开，用擦镜纸吸收镜面上的水分，待剩余水分挥发完后，滴加样品进行测量。样品测量的操作与校正的操作相同，重复 3 次，取平均值作为样品的折光率。[4] 测量结束后，用稀有少量乙醚（或丙酮）的擦镜纸擦拭镜面，待少量乙醚（或丙酮）挥发完后再关闭棱镜。

4. 换算

用校正的数值去校正测量的数值，并按照温度换算公式计算出标准温度

（20 ℃）下的折光率。

2.11.4 思考题

（1）测定折光率的意义是什么？

（2）影响折光率测定的因素有哪些？

（3）测定折光率的过程中有哪些注意事项？

（4）为了使明暗两区的分界线清晰，应如何调节折光仪的手轮？

[注释]

[1] 纯净液体的折光率可精确到万分之一，所以在记录时通常使用四位有效数字。

[2] 阿贝折光仪的量程一般为 1.300 0 ～ 1.700 0，精密度为万分之一。使用时温度应控制在 ±0.1 ℃范围内，且不能在高温下使用。

[3] 棱镜是折光仪的关键部位，在滴加水或样品时要特别注意，滴管的末端不能触及棱镜；擦拭棱镜时切忌来回擦，应单向擦拭，避免镜面上出现擦痕。

[4] 每次测量样品前都需要将镜面擦拭干净再进行操作。

2.12 旋光度测定

2.12.1 实验目的

（1）了解旋光度测定的原理与意义。

（2）掌握旋光仪构造及其使用方法。

（3）学习比旋光度的计算方法。

2.12.2 实验原理

有些化合物能够使偏振光的振动平面旋转一定的角度（α），这个角度称为物质的旋光度。使偏振光振动平面向左旋转的为左旋体，用（−）表示；使偏振光振动平面向右旋转的为右旋体，用（+）表示。具有这种性质的物质称为光学活

性物质，其分子具有手性特征，分子的实物与镜像不能重叠。

物质的旋光度不仅与物质的分子结构有关，还与被测物质的浓度、温度、溶剂、所用光源波长以及旋光管长度等因素有关。[1] 因此，常用比旋光度$[\alpha]_\lambda^t$表示物质的旋光度。比旋光度是物质的一个特征常数，通过测定物质的旋光度，可以检测物质的纯度并计算出其含量。比旋光度与旋光度的关系可用下式表示：

$$[\alpha]_\lambda^t = \frac{\alpha}{l \times c} \tag{2-10}$$

式中：$[\alpha]_\lambda^t$表示物质在 t ℃、光源波长为λ时的比旋光度；t 为测定时的溶液温度；λ为光源的波长，通常为钠光源，波长为 589.0 nm，用 D 表示；α为旋光仪测得的旋光度，单位为 °；l 为旋光管的长度，单位为 dm；c 为溶液的浓度，单位为 g/mL。

如果所测的样品为溶液，则可以直接测定。在计算比旋光度时，若用溶液的相对密度（d）替换上式中的溶液浓度（c），则可得到下式：

$$[\alpha]_\lambda^t = \frac{\alpha}{l \times d} \tag{2-11}$$

测定物质旋光度的仪器为旋光仪，虽然旋光仪的种类很多，但其工作原理、样机主要部件基本相同（图 2-32）。

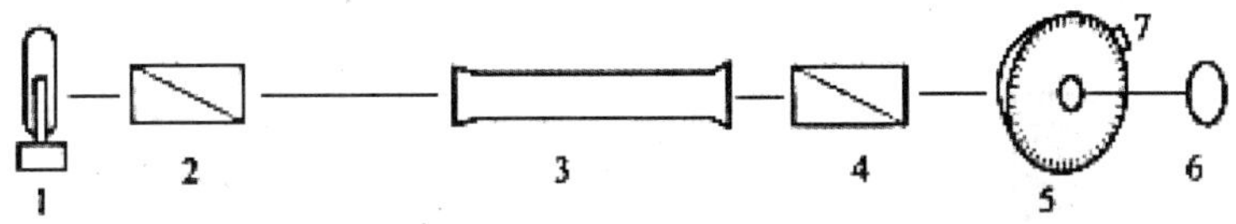

图 2-32　旋光仪基本构件示意图

在图 2-32 中，1 为光源（通常为钠光源），2 为起偏镜，3 为样品管，4 为检偏镜，5 为刻度盘，6 为目镜，7 为固定游标。

从光源处（1）发出的光经过起偏镜（2），变为单一方向振动的偏振光，当偏振光经过装有样品的样品管（3）之后，其振动的方向会发生一定角度的旋转，然后调节检偏镜（4），使最大量的光通过，检偏镜旋转的角度以及方向显示在刻度盘上，得到的读数即物质的旋光度。

2.12.3 实验步骤

1. **预热**

打开旋光仪的开关，预热 5 min，使钠灯发出稳定的黄光。[2]

2. **零点校正**

（1）将样品管清洗干净，装入蒸馏水，使蒸馏水的液面凸出管口，将玻璃盖沿管口轻轻平推盖好，尽量减少气泡的带入，然后垫好橡皮圈，旋上螺帽，不要旋得太紧，不漏水即可。[3] 如果旋好螺帽后，发现管内存在气泡，可将样品管带凸颈的一端向上倾斜，使气泡进入凸颈部位，从而消除气泡的影响。

（2）将样品管的外部擦拭干净（如果管外存在残液，尤其是管的两端存在残液，会影响测定结果），放入旋光仪的样品室，盖好盖子。[4]

（3）将刻度盘调至零点，观察零度视场三个亮度是否一致［图 2–33 中，（a）、（c）为不正确的视场，（b）为正确视场］。如果一致，说明旋光仪的零点准确；如果不一致，说明存在误差，此时应调节仪器的刻度盘，使检偏镜旋转一定的角度，直至视场三个亮度一致。记录刻度盘上的读数（刻度盘上顺时针旋转为“+”，逆时针旋转为“–”）。重复上述操作 5 次，取平均值作为零点值，在测定样品旋光度时，应从读数中减去此零点值。[5]

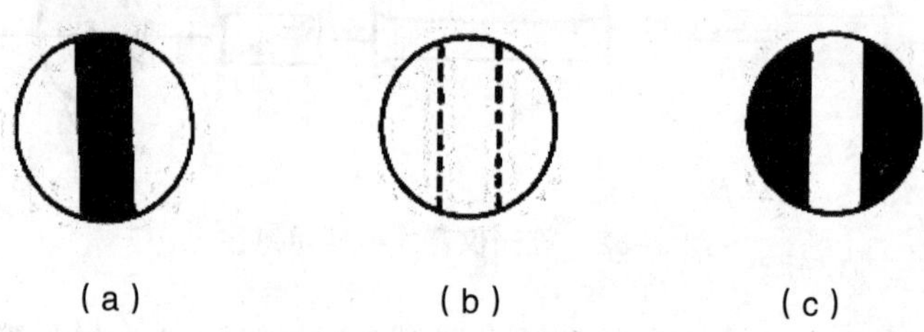

图 2–33　旋光仪三部分视场

3. **样品测定**

按照上述步骤对样品进行测定，同样重复 5 次，取平均值。[6] 得到的数值减去零点校正得到的零点值，即该样品的旋光度。记录测定时的温度、样品管的长度，并注明所用溶剂。测定完毕后将样品管取出，清洗干净、吹干，并在橡皮垫上加滑石粉保存。

2.12.4 思考题

（1）测定物质的旋光度有什么意义?

（2）旋光度与比旋光度有什么联系与区别?

（3）影响物质旋光度的因素有哪些?测量时有哪些注意事项?

（4）测定旋光度时，为什么光通路上不能有气泡?如果存在气泡，应该怎样处理?

[注释]

[1] 在采用波长为 589.0 nm 的钠光测定物质旋光度时，旋光度与温度的关系如下：温度每升高 1 ℃，旋光度减少约 0.3%。所以，为了测定结果的准确性，测定时的温度最好控制在 20 ± 2 ℃。

[2] 钠灯不宜长时间连续使用，一般不超过 4 h，否则会对钠灯的寿命造成影响。如果需要长时间使用，应该每隔 4 h 关闭一次电源，待钠灯冷却后再继续使用。

[3] 螺帽如果旋得太紧，会因为玻璃盖的扭力而使管内产生空隙，从而造成读数上的误差。

[4] 保证光通路内没有气泡。

[5] 如果误差值太大，则应请教师或专业人士对仪器进行校正后再使用此仪器。

[6] 测定前需用少量样品溶液润洗样品管数次，以保证溶液的浓度保持不变。

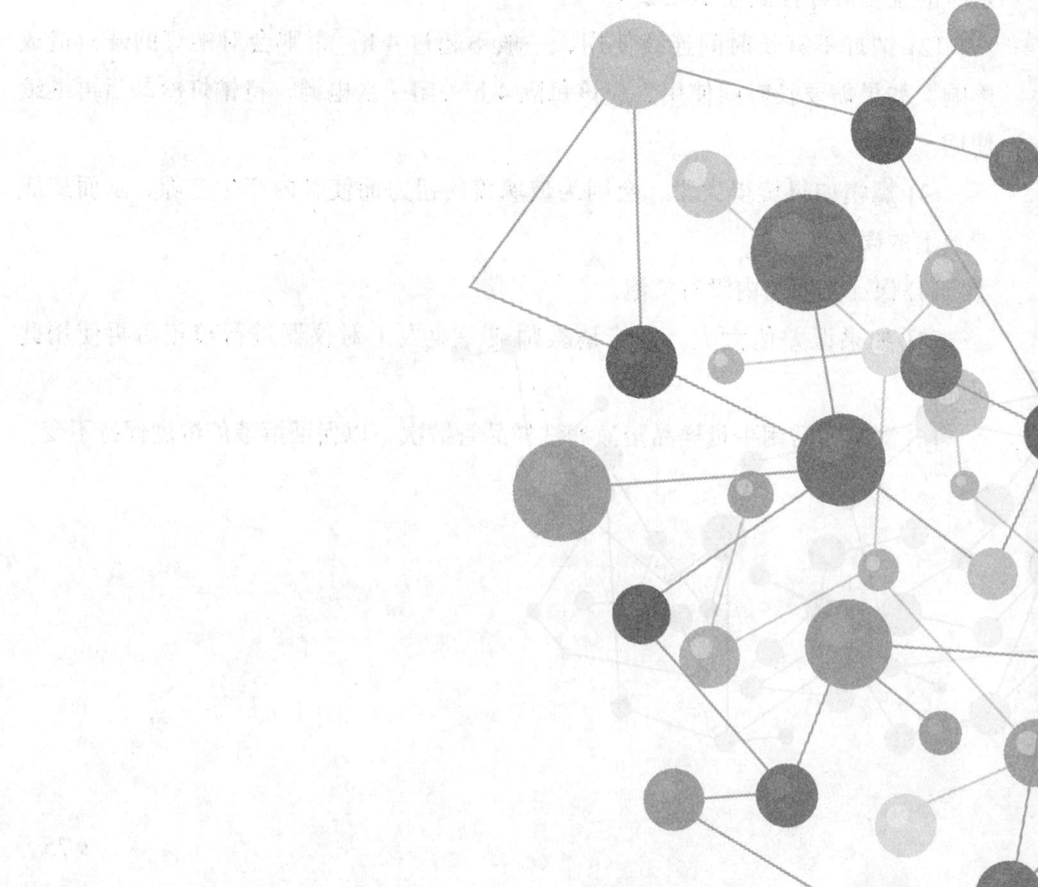

第 3 章　有机化合物的制备

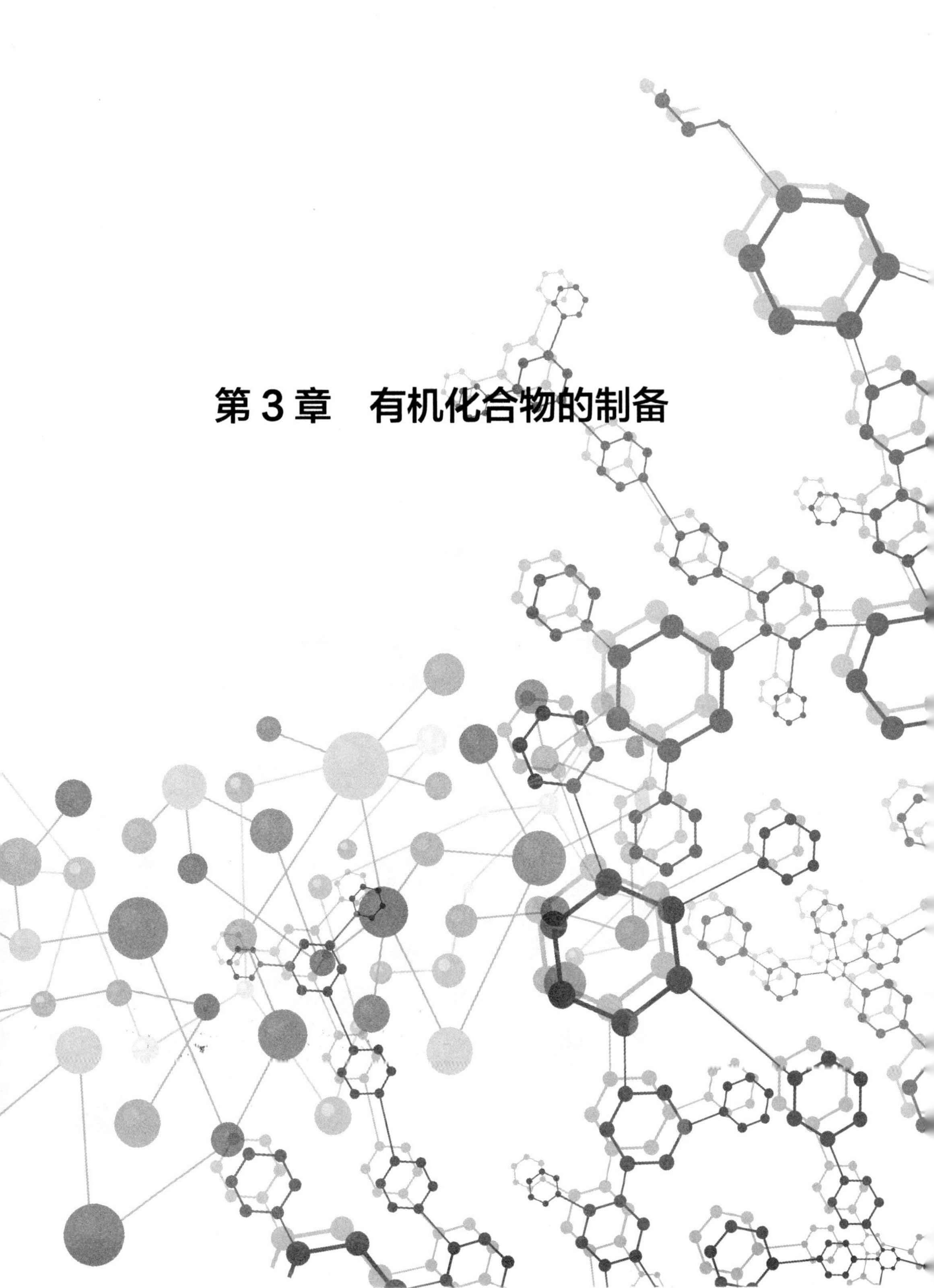

3.1　环己烯的制备

3.1.1 实验目的

（1）学习环己醇在浓磷酸催化下脱水制取环己烯的原理与方法。

（2）掌握分馏回流与蒸馏的反应装置及其基本操作方法。

3.1.2 实验原理

在实验室中，用酸脱去醇中的水是制取烯烃的常用方法。环己醇在酸的催化下会脱去一个水分子得到环己烯，常用的酸催化剂为 85% 的浓磷酸。[1,2] 其反应式如下：

OH

85% H_3PO_4

+ H_2O

在反应过程中常会伴随副反应的发生，环己醇分子之间脱水形成醚，反应式如下：

OH

85% H_3PO_4

O

+ H_2O

3.1.3 实验步骤

1. 粗产物的制备

在 50 mL 干燥的圆底烧瓶中加入 10 g 环己醇（10.4 mL，0.1 mol）和 5 mL 85% 的浓磷酸，振荡圆底烧瓶，使两者混合均匀。[3,4] 按照图 3–1 安装分馏回流装置，将接收瓶置于冰水中冷却。

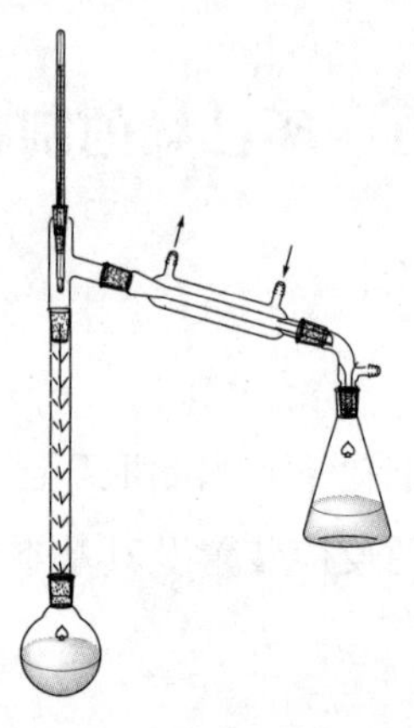

图 3-1　分馏回流反应装置

用电热套缓慢加热混合溶液直至沸腾，将分馏柱顶端的温度控制在 90 ℃以内，将反应产物环已烯与水的混合物缓慢蒸出，蒸馏速度以每两秒 1 滴为宜。[5,6]当烧瓶中液体较少且出现阵阵白雾后，便停止加热，整个过程大约需要 50 min。

2. 分离纯化

向馏出液中加入 1 g 氯化钠，再加入 3 ～ 4 mL 5% 的碳酸钠溶液，然后将溶液转移到分液漏斗中，充分振摇分液漏斗后静置分层。[7]放出分液漏斗中下面的水层，将剩余液体转移到小锥形瓶中，并加入适量的无水氯化钙（并加以摇动），密封，静置。

待溶液变得澄清透明，将溶液转移到小烧瓶中，加入 2 ～ 3 粒沸石，按照图 3-2 安装蒸馏装置，水浴加热蒸馏，收集 80 ~ 85 ℃的馏分。[8]当温度计显示温度下降到 70 ℃以下时，说明产物已经全部蒸出，停止加热。

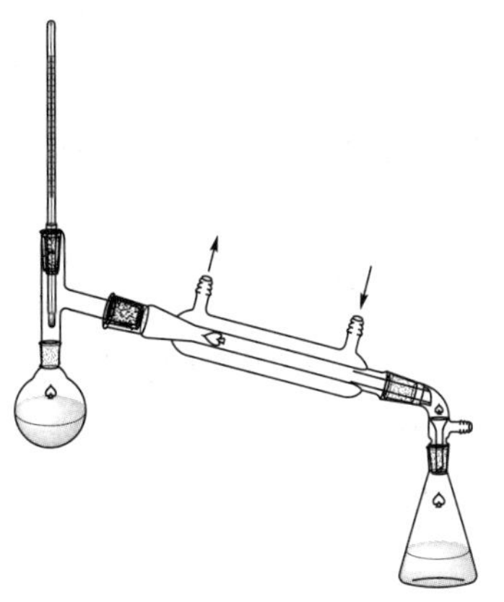

图 3–2　蒸馏装置

3. **计算产率，测量遮光率**

将收集到的产物进行称重，计算产量，并取适量产品测量其折光率，与纯环己烯折光率（n_D^{20}）1.446 5 进行比较。

3.1.4 思考题

（1）在粗产物制备的环节，为什么要加入氯化钠?

（2）在粗产物制备的环节，为什么会出现阵阵白雾?

（3）可采取什么措施提高本实验的产率？

（4）用怎样的方法证明最后的产物是环己烯？

[注释]

[1] 环己烯的分子式为 C_6H_{10}，相对分子质量为 82.15，沸点为 83.19 ℃，折光率（n_D^{20}）为 1.446 5，无色透明液体，不溶于水，易溶于乙醇、醚。

[2] 浓磷酸作为反应的催化剂有两个优点：一是不产生难闻的气体（浓硫酸作为催化剂容易产生带有刺激性气味的二氧化硫）；二是不会形成碳渣。

[3] 环己醇在常温下呈黏稠状，用量筒量取会在量筒中有残留，所以可以采取称量法；如果用量筒量取，则要考虑环己醇在量筒中有残留，可以多量取 1 mL。

[4] 在加热过程中，如果环己醇与磷酸没有混合均匀，则容易发生局部碳化，使溶液变黑。

[5] 烧瓶受热要均匀，控制加热速度，使蒸馏速度缓慢均匀，以减少未反应的环己醇被蒸出。

[6] 环己烯和环己醇都能与水形成共沸物，环己烯与水形成的共沸物沸点为 70.8 ℃，环己醇与水形成的共沸物沸点为 97.8 ℃，分馏柱顶端温度过高便不能将环己醇与水形成的共沸物回落到烧瓶中，从而使环己醇流入接收装置中。

[7] 加入 5% 碳酸钠的目的是中和溶液中微量的酸，可一边加入碳酸钠，一边用 pH 试纸测量，直到溶液呈中性为止。

[8] 蒸馏所用玻璃仪器必须干燥无水。

3.2 溴乙烷的制备

3.2.1 实验目的

（1）学习用醇制卤代烃的原理与方法。

（2）掌握低沸点有机物的蒸馏，熟练萃取和分液漏斗的使用。

3.2.2 实验原理

在实验室中，用浓氢溴酸（质量分数为 47.5%）和乙醇反应得到溴乙烷，或者用溴化钠、浓硫酸和乙醇反应得到溴乙烷。反应式如下：

$$NaBr + H_2SO_4 \longrightarrow HBr + NaHSO_4$$

$$CH_3CH_2OH + HBr \longrightarrow CH_3CH_2Br + H_2O$$

因为浓硫酸具有脱水性和氧化性，所以存在下列副反应：

$$CH_3CH_2OH \xrightarrow[\triangle]{H_2SO_4} CH_2{=}CH_2 + H_2O$$

$$2CH_3CH_2OH \xrightarrow[\triangle]{H_2SO_4} CH_3CH_2OCH_2CH_3 + H_2O$$

$$2HBr + H_2SO_4(\text{浓}) \longrightarrow Br_2 + SO_2 + 2H_2O$$

3.2.3 实验步骤

1. 溴乙烷的制备

在 100 mL 圆底烧瓶中加入 9 mL 冷水，在冰水浴的环境下分数次加入 19 mL 浓硫酸，一边加一边轻轻振荡。待溶液冷却至室温后，加入 10 mL 95% 的乙醇，振荡均匀后，加入 13 g 研细的溴化钠，一边加一边轻轻振荡，最后加入几粒沸石。[1,2]

按照图 3-2 安装常压蒸馏装置，接收瓶中需加入冷水，并将接收瓶置于冰水浴中。为了避免产物挥发造成损失，接引管的末端应伸到接收瓶的水中，使产物直接沉到接收瓶的瓶底。[3] 接引管的支管应用橡皮管导入室外或下水道。通过石棉网小心加热蒸馏，使反应平稳进行，直到没有油滴蒸出为止。[4,5] 拆下接收瓶，停止加热，然后移去热源。[6] 馏出物为乳白色的油状物，沉于接收瓶的瓶底。[7]

2. 溴乙烷的纯化

将得到的产物转移到分液漏斗中，静置分层，将下层有机物放到干燥的 50 mL 的锥形瓶中。将锥形瓶置于冰水浴中，一边轻轻振荡，一边滴加浓硫酸（约 4 mL），直到锥形瓶分出硫酸层。[8] 将溶液转移到分液漏斗中，硫酸层从下口放出，产物从上口倒入 30 mL 干燥的圆底烧瓶中。

采用水浴的方式加热蒸馏，接收瓶应干燥，并置于冰水浴中，收集 37 ~ 40 ℃的馏分。馏分收集结束后，拆下收集瓶，并立即盖上橡皮塞，避免溴乙烷挥发。称重，并测定产物的折光率。

纯溴乙烷为无色液体，沸点 38.4 ℃，折光率（n_D^{20}）为 1.423 9。

3.2.4 思考题

（1）在溴乙烷的制备中，为什么反应物中要加入水？

（2）溴乙烷的沸点为 38.4 ℃，在实验过程中，有哪些措施可以减少溴乙烷的挥发。

（3）如果实验的产率不高，有可能是哪些原因造成的？

[注释]

[1] 加浓硫酸时最好使用漏斗，振荡的力度要轻，避免浓硫酸沾到烧瓶口的内壁上，否则加溴化钠时容易将溴化钠沾在瓶口。

[2] 溴化钠需研细，并一边加入一边振荡，否则容易结块。

[3] 这样做可以减少产物（溴化钠）的损失，但在反应的过程中要注意接收瓶中的水倒吸。

[4] 加热时一定要控制好温度，不要使反应过于剧烈。

[5] 此反应大约持续 1 h，反应结束后应立即将反应瓶中的残液倒出，并清洗烧瓶，否则冷却后的磷酸氢钠会结块，不易倒出。

[6] 一定要先拆下接收瓶，再停止加热和移去热源，否则会发生倒吸。

[7] 产物溴乙烷和水形成乳白色的溶液，如果溶液呈黄色或棕色，则说明发生了副反应，即部分溴化氢被浓硫酸氧化成了溴。

[8] 加入浓硫酸的目的：一是吸收溶液中的少量水分；二是除去溶液中的乙醚和乙醇。

3.3　1- 溴丁烷的制备

3.3.1 实验目的

（1）学习溴化钠、浓硫酸与正丁醇制备 1- 溴丁烷的原理与方法。

（2）学习带有尾气吸收装置的回流操作。

（3）进一步巩固洗涤、干燥、蒸馏等操作。

3.3.2 实验原理

正丁醇、溴化钠与浓硫酸共热可以得到 1- 溴丁烷，反应式如下：

$$NaBr + H_2SO_4 \longrightarrow HBr + NaHSO_4$$

$$n\text{-}C_4H_9OH + HBr \longrightarrow n\text{-}C_4H_9Br + H_2O$$

该反应可能产生下列副反应：

$$n\text{-}C_4H_9OH \xrightarrow[\triangle]{H_2SO_4} CH_3CH_2CH{=}CH_2 + H_2O$$

$$2\,n\text{-}C_4H_9OH \xrightarrow[\triangle]{H_2SO_4} (n\text{-}C_4H_9)_2O + H_2O$$

3.3.3 实验步骤

（一）1–溴丁烷的制备

将无水溴化钠研细后，称取 8.3 g 加到 100 mL 圆底烧瓶中，再加入 6.2 mL 正丁醇与几粒沸石。[1]

量取 10 mL 蒸馏水加到小烧杯中，并将小烧杯置于冰水浴中，一边振荡一边沿烧杯内壁缓缓加入 10 mL 浓硫酸。[2] 将稀释且冷却到室温的浓硫酸从冷凝管的上端分次加到烧瓶中，一边加入一边振荡，使反应物混合均匀。按照图 3–3 连接装置（冷凝管口连接一个气体吸收装置，吸收液为 5% 的氢氧化钠溶液），通过石棉网小火加热，使溶液沸腾，回流约 30 min。[3]

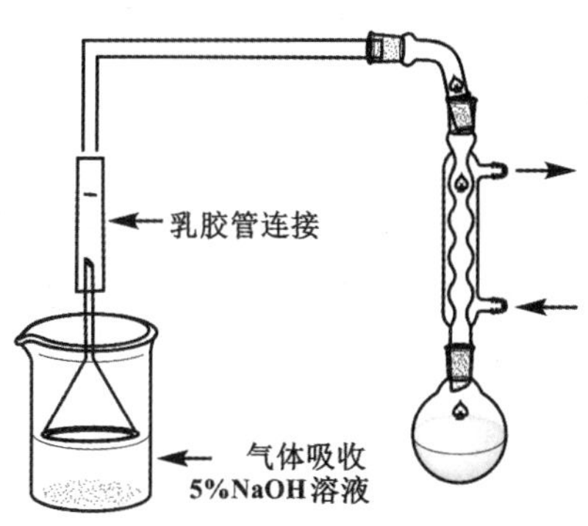

图 3–3　带有气体吸收装置的回流装置

回流结束，待稍稍冷却后，将反应装置改为常压蒸馏装置，蒸出粗产物 1–溴丁烷，直到没有油滴馏出为止。[4]

（二）1–溴丁烷的纯化

将馏出液转移到分液漏斗中，静置分层，将下层油层放到干燥的小锥形瓶中，并将 4 mL 浓硫酸分两次加到锥形瓶中，每一次加入浓硫酸后都需要摇动锥形瓶，使溶液混合均匀（如果锥形瓶较热，可用水冷却）。[5] 将混合物缓慢转移到分液漏斗中，静置分层，放出下层硫酸层。油层依次用 10 mL 水、5 mL 10% 的碳酸钠与 10 mL 水洗涤，最后将下层的油层放到干燥的小锥形瓶中，加入适量无水氯化钙（约 1 ～ 2 g）干燥，盖上瓶塞静置，直至溶液由混浊变澄清。[6]

将干燥后的澄清溶液转移到 50 mL 干燥的蒸馏烧瓶中，加入几粒沸石，安装好常压蒸馏装置，用小火加热蒸馏，收集 99 ℃～ 103 ℃的馏分。称重，测定产物折光率，并计算产率。

纯 1- 溴丁烷为无色透明的液体，沸点为 101.6 ℃，折光率为 1.440 1。

[注释]

[1] 溴化钠研细后与浓硫酸的反应速度更快，且反应更加充分。

[2] 稀释浓硫酸的目的是减少回流所产生的泡沫，使液体保持在缓和的沸腾状态。

[3] 回流时要保持小火，使溶液维持在微沸的状态。回流时间不能过短，否则会使反应不完全；时间也不能过长，否则会增加副产物。

[4] 可用装有蒸馏水的小烧杯收集少量馏出液，判断是否有油滴。

[5] 馏出液分成两层，上层为水，下层为粗产物 1- 溴丁烷。但有时因为未反应的正丁醇较多，或者蒸馏时间过长，导致一些氢溴酸被蒸出，使液层发生变化，粗产物 1- 溴丁烷可能会悬浮到上层。如果发生此种情况，可在溶液中加入蒸馏水稀释，使粗产物 1- 溴丁烷下沉。

[6] 在静置过程中可间歇性地轻轻摇动锥形瓶。

3.3.4 思考题

（1）加入反应物时，是否可以先加入硫酸与溴化钠，再加入正丁醇？为什么？

（2）在加热回流时，有时瓶内会出现红棕色，为什么？

（3）用 10 mL 水、5 mL 10% 的碳酸钠与 10 mL 水洗涤粗产物的作用分别是什么？

（4）气体吸收装置中的吸收液为什么选用氢氧化钠？

3.4　2- 甲基 -2- 丁醇的制备

3.4.1 实验目的

（1）学习格氏试剂的制备与应用。

（2）学习用格氏试剂与酮反应制备叔醇的原理与方法。

（3）巩固回流、萃取、蒸馏等操作。

3.4.2 实验原理

卤代烃在无水乙醚中与金属镁发生插入反应，生成烷基卤代镁（这种有机镁化合物称为格氏试剂），烷基卤代镁与酮发生加成 - 水解反应，得到叔醇。反应式如下：

$$CH_3CH_2Br + Mg \xrightarrow{\text{无水乙醚}} CH_3CH_2MgBr$$

$$CH_3CH_2MgBr + H_3C-\overset{\overset{\displaystyle O}{\|}}{C}-CH_3 \longrightarrow H_3CH_2C-\underset{\underset{\displaystyle OMgBr}{|}}{\overset{\overset{\displaystyle CH_3}{|}}{C}}-CH_3 \xrightarrow{H^+/\ H_2O} H_3CH_2C-\underset{\underset{\displaystyle OH}{|}}{\overset{\overset{\displaystyle CH_3}{|}}{C}}-CH_3 + Mg\begin{matrix} \diagup OH \\ \diagdown Br \end{matrix}$$

上述反应必须在无氧、无水的条件下进行，因为格氏试剂遇氧会发生插入反应，遇水会发生分解反应，所以实验用乙醚必须是无水乙醚。由于乙醚具有较强的挥发性，在反应过程中可以借助乙醚蒸气赶走容器中的空气，从而实现无水、无氧的条件。

格氏试剂生成的反应是放热反应，为了避免反应速度过快，应控制溴乙烷的滴加速度，使溶液保持微沸的状态即可。另外，格氏试剂与酮发生的反应也是放热反应，所以要在冷却条件下进行。

3.4.3 实验步骤

1. 乙基溴化镁的制备

按照图 3-4 安装好实验装置。[1] 在 250 mL 的三颈烧瓶中加入 3.5 g 洁净干燥的镁条（剪成约 0.5 cm 的小段）、20 mL 无水乙醚与一小粒碘，在滴液漏斗中加入 15 mL 无水乙醚与 20 mL 溴乙烷，轻轻摇动，将溶液摇匀。[2]

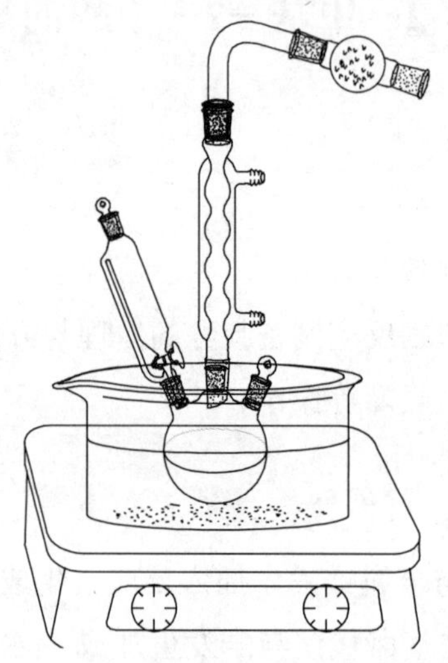

图 3-4　磁力搅拌回流反应装置

打开磁力搅拌回流反应装置，通过滴液漏斗向烧瓶中加入混合溶液 5 ～ 7 mL，如果 10 min 后没有明显的反应现象，可稍微加热（温水浴或者用手捂住烧瓶）。[3] 当溶液微微沸腾，且溶液变得混浊时，说明反应开始发生，然后慢慢滴加滴液漏斗中的混合溶液，控制滴加速度，使烧瓶内的溶液保持微沸即可（如果反应过于剧烈，应暂停加液）。

当滴液漏斗中的混合液滴加完毕后，关闭滴液漏斗的旋塞，待反应缓和后，适当加热烧瓶，回流约 30 min 后，镁条反应完毕，得到灰色的糊状物（格氏试剂）。

2. 2- 甲基 -2- 丁醇的制备

将制备好的乙基溴化镁冷却至室温，在不断搅拌的条件下，通过滴液漏斗缓慢滴加 10 mL 无水乙醚与 10 mL 无水丙酮的混合溶液，滴加完毕后，在冷却与搅拌的条件下继续搅拌 5 min。[4]

配置 6 mL 浓硫酸与 90 mL 水的混合溶液，转移至滴液漏斗中，同样在冷却与搅拌的条件下缓慢滴加。该反应剧烈，首先生成白色的沉淀，后随着硫酸溶液的加入，沉淀又逐渐溶解。[5]

将上述溶液转移至分液漏斗中，静置分层，放出下面的水层（分出的水层要保留），上层用 15 mL 10% 的碳酸钠溶液洗涤。洗涤后静置分层，分出醚层保留，碱层与前面保留的水层合并，用乙醚萃取，每次 10mL，共萃取两次，所得醚层与前面保留的醚层合并。

合并后的醚层用无水碳酸钾干燥，盖上塞子，轻轻振摇，直至溶液变得澄清透明。[6] 将干燥后的溶液转移至 50 mL 干燥洁净的圆底烧瓶中，安装好蒸馏装置，用电热套缓慢加热，先蒸出乙醚（应回收），再调高温度，收集 100 ℃～104 ℃的馏分，计算产率。

2- 甲基 -2- 丁醇是无色澄清、有焦灼味的挥发性液体，沸点为 102.5 ℃，折光率为 1.405 2。

3.4.4 思考题

（1）为什么制备格氏试剂的反应必须在无水条件下进行?

（2）如果实验用的镁条表面有一层氧化膜，是否会影响反应? 如果影响，应用怎样的方法除去氧化膜?

（3）在干燥粗产物（2- 甲基 -2- 丁醇）时，为什么选无水碳酸钾作为干燥剂，而不选用无水氯化钙?

（4）实验过程中有哪些需要注意的问题?

[注释]

[1] 与普通的回流装置相比，该装置增加了干燥管和滴液漏斗。使用滴液漏斗加液可以控制加料的速度，避免因一次性加料太多而使反应失去控制。因为实验要求在无水的环境下进行，所以在冷凝管上增加了干燥装置。另外，该反应需要搅拌，所以实验采用了磁力搅拌器。

[2] 碘在反应中起催化作用，当反应开始后，碘的颜色会立即褪去。

[3] 镁与溴乙烷的反应是放热反应，其放出的热量能够使乙醚沸腾，所以可以根据溶液沸腾的情况判断反应是否发生。另外，还可以根据溶液颜色变化判断反应是否发生。

[4] 如果没有无水丙酮，可用分析纯丙酮经无水碳酸钾处理得到。

[5] 当沉淀逐渐溶解后，可适当加快滴液的速度。

[6] 2- 甲基 -2- 丁醇与水能够形成恒沸混合物，沸点为 87.4 ℃，而 2- 甲基 -2- 丁醇的沸点为 102.5 ℃，如果不干燥，便会使水也被蒸出，得不到纯化的产物。

3.5 1- 苯乙醇的制备

3.5.1 实验目的

（1）学习硼氢化反应制备醇的原理与方法。

（2）进一步掌握萃取、低沸点物蒸馏与减压蒸馏等操作。

3.5.2 实验原理

金属氢化物是还原醛、酮制备醇的重要还原剂。常用的金属氢化物有氢化锂铝、硼氢化钠和硼氢化钾，其中硼氢化钠的还原性较温和，对水、醇相对稳定，且价格低廉，用后处理简单，所以硼氢化钠在合成上的使用较为广泛。用金属氢化物还原醛、酮的反应为放热反应，所以在实验过程中应控制还原剂的加入速度，防止反应过于剧烈。实验室中硼氢化反应制备醇的反应式如下：

$$4\,C_6H_5-\overset{O}{\overset{\|}{C}}-CH_3 + NaBH_4 \xrightarrow{CH_3CH_2OH} \left(C_6H_5-\underset{CH_3}{\underset{|}{CH}}-O-\right)_4 B^- Na^+$$

$$\xrightarrow{HCl \quad H_2O} 4\,C_6H_5-\underset{OH}{\underset{|}{CH}}-CH_3 + H_3BO_3$$

3.5.3 实验步骤

（1）在装有温度计、滴液漏斗与搅拌装置的 100 mL 三颈烧瓶中加入 15 mL 95% 的乙醇和 1.0 g 硼氢化钠，在搅拌状态下，将 8 mL 苯乙酮缓慢滴入烧瓶中，

反应温度控制在 50 ℃以下。[1] 苯乙酮滴加完毕后，溶液中有白色沉淀产生，在室温下放置 15 min。

（2）在搅拌的状态下缓慢滴加 6 mL 3 mol/L 的盐酸溶液，大部分白色沉淀溶解。[2]

（3）滴加完盐酸溶液后，安装常压蒸馏装置，将烧瓶置于水浴上加热，蒸出溶液中的乙醇。溶液冷却后，加入 10 mL 乙醚，然后将混合溶液转移至分液漏斗中，萃取分层。分出乙醚层（保留），水层用 10 mL 乙醚萃取，将分出的乙醚层与前面的乙醚合并，合并溶液用无水硫酸镁干燥。

（4）在除去无水硫酸镁的粗产品中加入 0.6 g 无水碳酸钾，然后置于水浴中蒸去乙醚。[3,4] 待乙醚蒸去后，将装置改为减压蒸馏装置，进行减压蒸馏，收集 102 ℃～ 103.5 ℃的馏分。称重，计算产率。

纯 1- 苯乙醇为具有花香味的液体，沸点为 203.4 ℃，相对密度为 1.013，折光率为 1.527 5。

3.5.4 思考题

（1）第一步反应过程中，为什么要将温度控制在 50 ℃以下？

（2）滴加盐酸溶液时，为什么要缓慢加入？其作用是什么？有什么注意事项？

（3）反应初期形成的白色沉淀是什么？为什么加入盐酸溶液后会溶解？

[注释]

[1] 硼氢化钠吸湿性强，容易吸水潮解，所以在使用过程中不要用手接触硼氢化钠。

[2] 加入盐酸溶液的作用主要有两个：一是去除过量的硼氢化钠；二是水解硼酸酯的配位化合物。

[3] 加入无水碳酸钾的作用是防止蒸馏过程中发生催化脱水反应。

[4] 乙醚是低沸点物，所以蒸馏乙醚时应选择水浴加热，切忌有明火，且接收瓶要置于冰水浴中冷却。

3.6 三苯甲醇的制备

3.6.1 实验目的

（1）学习格氏试剂制备三苯甲醇的原理与方法。

（2）巩固格氏试剂的制备方法与反应条件。

（3）巩固回流、萃取、水蒸气蒸馏等操作。

3.6.2 实验原理

格氏试剂是一种非常活泼的试剂，也是重要的有机合成试剂。格氏试剂可以使醛、酮等化合物发生加成－水解反应得到醇，此类反应称为格氏反应。常用的反应是格氏试剂与醛、酮、酯等羰基化合物发生亲核加成生成仲醇或叔醇。本实验便是通过格氏试剂（苯基溴化镁）与苯甲酸乙酯反应得到三本甲醇。反应式如下：

格氏试剂的制备：

$$C_6H_5Br + Mg \xrightarrow{\text{无水乙醚}} C_6H_5MgBr$$

格氏试剂合成三苯甲醇：

$$C_6H_5MgBr + C_6H_5COOCH_2CH_3 \longrightarrow (C_6H_5)_2C(OCH_2CH_3)(OMgBr) \longrightarrow (C_6H_5)_2C{=}O + CH_3CH_2OMgBr$$

$$(C_6H_5)_2C{=}O + C_6H_5MgBr \xrightarrow{\text{无水乙醚}} (C_6H_5)_3C{-}OMgBr \xrightarrow{NH_4Cl,\ H_2O} (C_6H_5)_3C{-}OH$$

副反应：

$$C_6H_5MgBr + C_6H_5Br \longrightarrow C_6H_5{-}C_6H_5 + MgBr_2$$

3.6.3 实验步骤

1. 苯基溴化镁的制备

按照图 3-4 安装好实验装置。在 100 mL 三颈烧瓶中加入 0.75 g 镁屑、一小粒碘和磁力搅拌磁子，滴液漏斗中混合 5 g 溴苯与 16 mL 乙醚。[1] 将滴液漏斗中大约 1/3 的溶液滴加到烧瓶中，通常几分钟后镁屑表面会产生气泡，溶液稍稍混浊，且碘的颜色开始消失。如果 10 min 后烧瓶内没有出现发生反应的现象，可用水浴或手焐热的方式略微加热，促使反应发生。在反应发生且趋于缓和后，将滴液漏斗中剩余的液体滴入，注意控制滴液的速度，使烧瓶内的溶液保持微沸的状态即可。

待滴液漏斗内的液体滴加完毕后，使烧瓶在 40 ℃的水浴中加热回流，回流约需要 30 min，使镁屑完全反应。

2. 三苯甲醇的制备

用冷水冷却烧瓶，在磁力搅拌的状态下缓慢滴加 1.9 mL 苯甲酸乙酯与 7 mL 无水乙醚的混合溶液，控制滴加速度，使反应平稳进行。滴加后，将烧瓶置于 40 ℃的水浴中加热回流，回流约 30 min。回流结束后，用冷水冷却烧瓶，然后在搅拌状态下滴加由 4 g 氯化铵配置而成的饱和溶液（大约 15 mL）。[2]

滴加完氯化铵饱和溶液后，将反应装置改成低沸点蒸馏装置，在水浴上蒸去烧瓶中的乙醚。再用水蒸气对残余物进行蒸馏，以除去未反应的溴苯与联苯等副产物。烧瓶中剩余的溶液冷却后凝结为固体，抽滤收集，得到的粗产物，用 80% 的乙醇重结晶，干燥后称量，计算产率。[3]

纯三苯甲醇为片状晶体，沸点为 380 ℃，相对密度为 1.199，折光率为 1.199 4。

3.6.4 思考题

（1）在实验初期加入溴苯与乙醚的混合液的速度太快，或者一次性将其加入，会对实验造成哪些影响？

（2）本实验的成败关键何在？为什么？为此可采取什么措施？

（3）本实验有哪些需要注意的问题？影响本实验的关键是什么？

[注释]

[1] 乙醚为易燃易爆物，所以在实验过程中严禁明火。

[2] 在此步反应中，如果出现絮状氢氧化镁未全溶，或者有镁屑没有完全反应，可加入少许稀盐酸，使其全部溶解。

[3] 可先将粗产品通过加热的方式溶解于少量的乙醇中，然后逐滴加入事先加热好的水，待溶液恰好出现混浊时停止，加入一滴乙醇，使混浊消失，冷却，等待晶体析出。

3.7 苯乙醚的制备

3.7.1 实验目的

（1）学习 Williamson 合成法制备醚的原理与方法。

（2）巩固分液、蒸馏等操作。

3.7.2 实验原理

由卤代烷或硫酸酯（如硫酸二甲酯、硫酸二乙酯）与醇钠或酚钠反应制备醚的方法称为 Williamson 合成法。此法既可以合成单醚，也可以合成混合醚。反应机理是烷氧基（酚氧基）负离子对卤代烷或硫酸酯的亲核取代反应。

烷氧基负离子的碱性较强，在与卤代烷反应时总是伴随有卤代烷的消除反应，当采用三级卤代烷时，主要生产烯烃。因此，在用 Williamson 法制备醚时，应采用一级卤代烷烃，而不能采用三级卤代烷。

直接连在芳环上的卤素不容易被亲核试剂取代，因此由芳烃和脂肪烃组成的混醚不能用卤代芳烃和脂肪醇钠制备，而应采用相应的酚和脂肪卤代烃制备。由于酚是比水强的酸，酚的钠盐可以用酚和氢氧化钠制备。

本实验以苯酚和溴乙烷为原料，在碱性条件下制备苯乙醚，反应式如下：

$$C_6H_5OH + NaOH \longrightarrow C_6H_5ONa + H_2O$$

$$C_6H_5ONa + CH_3CH_2Br \longrightarrow C_6H_5OCH_2CH_3 + NaBr$$

3.7.3 实验步骤

1. 粗产物的制备

按照图 3-5 安装实验装置。在 100 mL 三颈烧瓶中加入 7.5 g 苯酚、4 g 氢氧化钠和 4 mL 水，打开磁力搅拌器，水浴加热烧瓶（水浴温度控制在 80 ℃ ~ 90 ℃），使烧瓶中的固体全部溶解。待烧瓶中的固体溶解后，通过恒压滴液漏斗缓慢滴加 8.5 mL 溴乙烷，大约 1 h 滴加完毕。在此温度下继续搅拌，约 2 h 后停止搅拌，然后冷却至室温。[1]

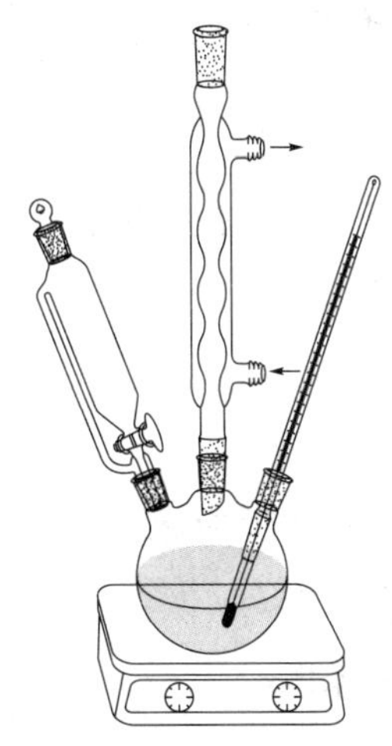

图 3-5　苯乙醚的合成装置

2. 分离纯化

待烧瓶中的溶液冷却至室温后，向烧瓶中加入适量水（10 ～ 20 mL），使烧瓶中的固体全部溶解，然后转移到分液漏斗中，静置分层。分出水层，有机层用等体积的饱和食盐水洗涤两次，分出有机层，洗涤液合并，用 15 mL 乙醚萃取，将提取液与前面的有机层合并，用无水氯化钙干燥。[2] 安装蒸馏装置，先用水浴加热，蒸出乙醚，然后常压蒸馏，收集 171 ℃～183 ℃的馏分。称重，计算产率。

纯苯乙醚为无色透明液体，沸点为 172 ℃，相对密度为 0.967，折光率为 1.507 6。

3.7.4 思考题

（1）反应过程中回流的液体是什么？

（2）实验过程中出现的固体是什么？

（3）用饱和食盐水洗涤的目的是什么？

[注释]

[1] 溴乙烷的沸点低（38.4 ℃），为了使溴乙烷充分参加反应，应加大回流的水流量。另外，在滴加溴乙烷时，如果出现结块现象，应停止加液，待充分搅拌后再继续加液。

[2] 如果在洗涤过程中出现乳化现象，则可减压抽滤。

3.8　正丁醚的制备

3.8.1 实验目的

（1）学习醇分子间脱水制备醚的反应原理与方法。

（2）掌握带有分水器的回流操作。

（3）巩固蒸馏、萃取等基本操作。

3.8.2 实验原理

实验室中常用相同的醇通过分子间脱水制取单纯醚，常用的脱水剂是浓硫酸。本实验以正丁醇为反应物，在浓硫酸的作用下，使正丁醇分子间脱水，从而得到正丁醚。反应式如下：

$$2\,CH_3CH_2CH_2CH_2OH \xrightarrow[130\sim135\,^{o}C]{H_2SO_4} CH_3CH_2CH_2CH_2\text{-}O\text{-}CH_2CH_2CH_2CH_3 + H_2O$$

上述反应为可逆反应，为了促进反应的正向进行，回流装置应带有分水器，将产生的水从体系中除去，从而促进正丁醚的生成。[1]

另外，在浓硫酸的作用下，如果温度超过 135 ℃，正丁醇可能发生分子内脱水生成丁烯（反应式如下），因此在实验过程中，要严格控制反应的温度，避免副反应的发生。

$$2\ CH_3CH_2CH_2CH_2OH \xrightarrow[>135\ ^{\circ}C]{H_2SO_4} CH_3CH_2CH{=}CH_2 + H_2O$$

3.8.3 实验步骤

1. 回流分水

在 100 mL 的三颈烧瓶中加入 15.5 mL 正丁醇，然后缓慢加入约 2.2 mL 浓硫酸，边加边摇动，使溶液混合均匀，加入几粒沸石。按照图 3-6 安装带有分水器的回流装置。分水器中提前加入一定量的水（V-2）mL，用电热套小火加热，使烧瓶中的液体保持微沸的状态，开始回流。[2]

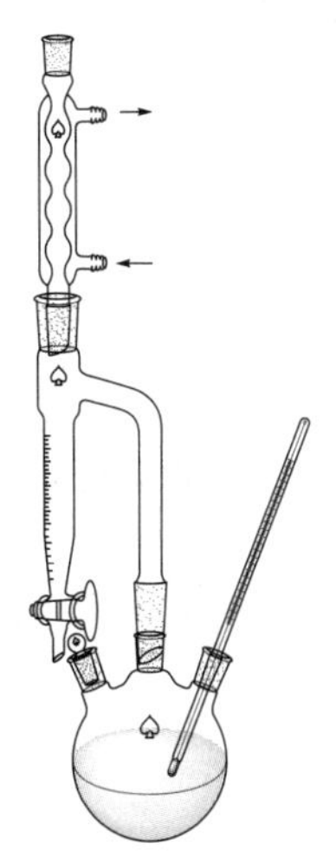

图 3-6 分水回流装置

随着反应的进行，分水器的水层不断升高，当水上升到一定高度后，上层的有机层流回烧瓶中继续反应。[3] 与此同时，烧瓶中液体的温度也在不断升高。[4]

当分水器中的水层不再上升，烧瓶内的温度达到 135 ℃左右时，说明反应已基本完成，停止加热。

2. 分离纯化

待体系中的溶液冷却后，将烧瓶中的溶液连同分水器中的水转移到盛有 25 mL 水的分液漏斗中，充分振摇后，静置分层，放出下层的水；上层的粗产物每次用 8 mL 50% 的硫酸洗涤，共洗涤两次，然后再用水洗涤，每次 5 mL，共洗涤两次。在洗涤后的粗产物中加入约 1.5 g 无水氯化钙，干燥约 30 min。

将干燥后的粗产物转移到 50 mL 圆底烧瓶中，加入几粒沸石，按照图 3–7 安装好蒸馏装置（用空气冷凝管），用电热套加热蒸馏，收集 140 ℃～ 144 ℃的馏分。称重，计算产率。

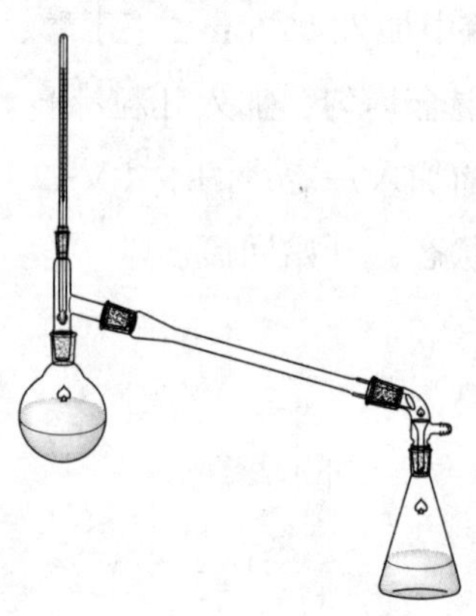

图 3–7　空气冷凝管蒸馏装置

纯正丁醚为透明液体，沸点为 142.2 ℃，相对密度为 0.770 4，折光率为 1.399 2。

[注释]

[1] 分水器的作用是将反应产生的水从体系中分离出来，从而使平衡向右移动。使用分水器时，要求反应物与水是不互溶的，且其密度比水小，这样在分水器中反应物就可与水分层，上层的反应物通过支管流回烧瓶，继续参与反应，下层的水通过分水器被分离出来。

[2] 分水器中预先加入水的量可通过反应式计算得到，为 1.52 mL，但因为可能存在副反应以及有机物高温碳化脱水，实际产生的水要比理论值略高，故取 2 mL，V 为分水器的体积。

[3] 如果在反应过程中分水器的水层超过支管，则可打开分水器的旋塞，适当放出一部分水，放出的水要保留。

[4] 制备正丁醚的适宜温度为 130 ℃～ 135 ℃，但在反应开始后，因为正丁醇、正丁醚与水之间会形成共沸物（表 3-1），所以反应初期的温度达不到制备正丁醚所需要的温度。而随着水被分离出去，烧瓶中的温度逐渐升高，最终达到 135 ℃，时间大约持续 1 h。

表 3-1　反应体系中可能形成的共沸物及其沸点

共沸物		沸点 /℃
二元	正丁醇 - 水	93.0
	正丁醚 - 水	94.1
	正丁醇 - 正丁醚	117.6
三元	正丁醇 - 正丁醚 - 水	90.6

3.8.4 思考题

（1）简述正丁醚制备的原理以及本实验中需要注意的问题?

（2）怎样判断反应是否进行完全?

（3）反应结束后，为什么要将反应体系中的各物质转移到盛有 25 mL 水的分液漏斗中?

（4）分离纯化过程中，各步洗涤的作用是什么?

3.9 正丁醛的制备

3.9.1 实验目的

（1）学习利用正丁醇的氧化反应制备正丁醛的原理与方法。

（2）学习滴加分馏反应装置的操作方法。

（3）巩固分液、干燥、蒸馏等基本操作。

3.9.2 实验原理

在实验室中常用伯醇氧化制备醛。本实验以正丁醇为反应物，以重铬酸钾为氧化剂，在硫酸的作用下制备正丁醛。反应式如下：

$$CH_3CH_2CH_2CH_2OH \xrightarrow[H_2SO_4]{Na_2Cr_2O_7} CH_3CH_2CH_2CHO + H_2O$$

在重铬酸钾与浓硫酸的作用下，正丁醛可能会被继续氧化，导致下述副反应的发生：

$$CH_3CH_2CH_2CHO \xrightarrow[H_2SO_4]{Na_2Cr_2O_7} CH_3CH_2CH_2COOH + H_2O$$

为了减少副反应的发生，本实验采取滴加分馏蒸出装置，即通过恒压滴液漏斗缓慢滴加氧化剂，正丁醇遇到氧化剂后很快被氧化成正丁醛，此时通过控制反应体系的温度，可使产物正丁醛和水不断从体系中被蒸出。

3.9.3 实验步骤

1. 粗产物制备

称取 15 g 重铬酸钾置于 250 mL 烧杯中，加入 83 mL 水使其溶解，然后在冷却与搅拌的状态下缓慢加入 11 mL 浓硫酸，溶液配好后转移到恒压滴液漏斗中。[1]取 250 mL 三颈烧瓶，在烧瓶中加入 14 mL 正丁醇与几粒沸石，按照图 3-8 安装实验装置（接收瓶用冰水浴冷却）。

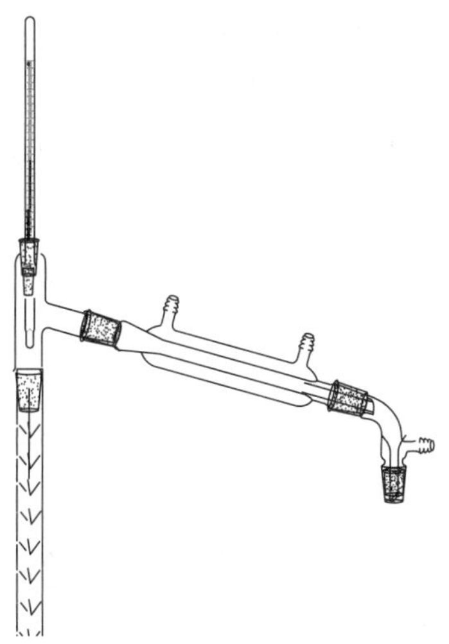

图 3–8　滴加分馏蒸出装置

小火加热至正丁醇沸腾，待蒸气上升到分馏柱底部时，打开恒压漏斗的旋塞，开始滴加氧化剂。注意控制氧化剂滴加的速度（大约需要 30 min），使分馏柱顶部的温度控制在 78 ℃以内。[2] 当氧化剂滴加完后，继续用小火加热 15 min，收集 95 ℃下的全部馏分。

2. 分离纯化

将收集的馏分转移到分液漏斗中，静置分层，放出水层，将上层有机物转移到干燥的小锥形瓶中，用适量（约 1.5 g）无水硫酸镁干燥，间歇轻摇，直至液体变得澄清。

将澄清溶液转移至 50 mL 圆底烧瓶中，加入几粒沸石，安装好常压蒸馏装置，用电热套缓慢加热蒸馏，收集 70 ℃ ~ 80 ℃的馏分。称重，计算产率。

纯正丁醛为无色透明液体，沸点为 75.7 ℃，相对密度为 0.801 6，折光率为 1.384 3。

3.9.4 思考题

（1）列举实验室中正丁醇制备的其他方法？

（2）制备粗产物时，为什么要控制加液速度？

（3）本实验为什么选用无水硫酸镁作为干燥剂？

[注释]

[1] 重铬酸钾具有强氧化性与毒性，称取时不要接触到皮肤，且反应的残余物要收集到指定的容器中。

[2] 正丁醛与水会形成二元共沸物，沸点为 68 ℃；正丁醇与水也会形成共沸物，沸点为 93 ℃。控制分馏柱顶端温度不超过 78℃，保证产物与水被蒸出，而正丁醇会留在烧瓶中。

3.10 环己酮的制备

3.10.1 实验目的

（1）学习环己醇氧化法制备环己酮的原理与方法。

（2）巩固萃取、分液、蒸馏等基本操作。

3.10.2 实验原理

醇的氧化是制备醛的重要方法之一。本实验利用环己醇在氧化剂的作用下（重铬酸钠与浓硫酸的混合溶液）氧化成环己酮。反应式如下：

$$\text{环己醇(OH)} \xrightarrow[\text{浓}H_2SO_4]{Na_2Cr_2O_7} \text{环己酮(O)}$$

上述反应是放热反应，所以在实验过程中要严格控制反应体系的温度，避免反应过于剧烈。

3.10.3 实验步骤

称取 10.5 g 重铬酸钠于 250 mL 的烧杯中，加入 60 mL 水，搅拌，使固体溶解，然后缓慢加入 9 mL 浓硫酸，混合均匀，得到橙红色的溶液，并将其冷却至 30 ℃以下备用。

按照图 3-9 连接装置。在 250 mL 的三颈烧瓶中加入 12.4 mL 环己醇，

然后将前面配置好的氧化剂一次性加入，在磁力搅拌下使其充分混合。时刻观察溶液的温度变化，当温度超过 55 ℃时，需要用水浴进行冷却，使反应在 55 ℃ ~ 60 ℃ 进行。当温度开始下降（大约 30 min）时，移去冷水浴装置，加入 1 g 草酸，室温下放置 30 min，期间间歇搅拌，溶液呈墨绿色。[1]

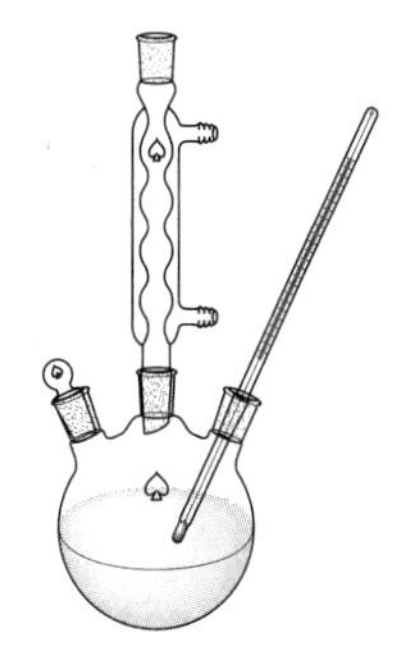

图 3–9　环已酮合成装置

向烧瓶中加入 60 mL 水与几粒沸石，并将装置改成蒸馏装置，将环已酮与水一同蒸出，待蒸出的溶液不再混浊后，继续蒸馏，收集馏出液 15 ～ 20 mL，一共得到馏出液约 50 mL。[2]

馏出液用食盐饱和，转移至分液漏斗，静置分层，分出有机层，水层用 15 mL 乙醚萃取一次，萃取液与前面的有机层合并，用无水碳酸钾干燥。[3] 干燥后的溶液至于水浴上蒸馏，蒸去乙醚，然后将冷凝管换成空气冷凝管，蒸馏收集 151 ℃～ 155 ℃的馏分。称重，计算产率。

纯环已酮为无色透明液体，沸点为 155.7 ℃，相对密度为 0.947 6，折光率为 1.450 7。

3.10.4 思考题

（1）反应时为什么要将温度控制在 55 ℃ ~ 60 ℃，温度过高或过低会有什么影响?

（2）最后蒸馏产物时为什么用空气冷凝管?

（3）本实验可能发生哪些副反应？写出反应方程式。

[注释]

[1] 草酸的作用是破坏过量的重铬酸钠。

[2] 环己酮与水形成共沸物，其沸点为 95 ℃，溶液混浊。

[3] 用食盐饱和的目的是降低环己酮的溶解度，促使环己酮与水分层，大约需要食盐 12 g。

3.11 苯亚甲基苯乙酮的制备

3.11.1 实验目的

（1）学习羟醛缩合反应的基本原理以及苯亚甲基苯乙酮的制备方法。

（2）进一步熟练重结晶、抽滤等操作。

3.11.2 实验原理

在稀碱的催化作用下，具有 α- 活泼氢的醛酮发生分子间缩合反应，一分子醛的 α- 氢原子加到另一分子醛的羰基氧原子上，其余部分则加到羰基碳原子上，生成 β- 羟基醛酮。如果提高反应温度，羟基醛酮会进一步脱水，生成 α，β- 不饱和醛酮，这种反应称为羟醛缩合反应。这是合成 α，β- 不饱和羰基化合物的重要方法，也是有机合成中增长碳链的重要反应。常用的催化剂有钠、钾、钙、钡氢氧化物的水溶液或醇溶液，也可以使用醇钠或仲胺。

无 α- 活泼氢的芳香醛与有 α- 活泼氢的醛酮的反应是交叉的羟醛缩合，缩合产物自发脱水生成稳定的具有共轭体系的 α，β- 不饱和醛酮。这种交叉的羟醛缩合称为克莱森 - 施密特（Claisen-Schmidt）反应，它是合成侧链上含两种官能团的芳香族化合物及含多个苯环的脂肪族中间体的一条重要途径。

本实验利用苯甲醛和苯乙酮间的交叉羟醛缩合反应制备苯亚甲基苯乙酮，反应式如下：

$$C_6H_5CHO + C_6H_5COCH_3 \xrightarrow{NaOH} C_6H_5CH(OH)CH_2COC_6H_5 \xrightarrow{-H_2O} C_6H_5CH{=}CHCOC_6H_5$$

3.11.3 实验步骤

1. 苯亚甲基苯乙酮的合成

按照图 3-10 安装实验装置。在 100 mL 三颈烧瓶中加入 25 mL 10% 的氢氧化钠、15 mL 无水乙醇与 6 mL 苯乙酮。在磁力搅拌的状态下，通过恒压滴液漏斗滴加 5 mL 苯甲醛，注意控制苯甲醛的滴加速度，使烧瓶内溶液温度保持在 25 ℃ ~ 30 ℃（如有必要，可用冰水冷却）。滴加完毕后，在此温度范围内搅拌约 30 min，然后加入几粒苯亚甲基苯乙酮晶种，室温下继续搅拌 1 ～ 1.5 h，直至有晶体析出。[1]

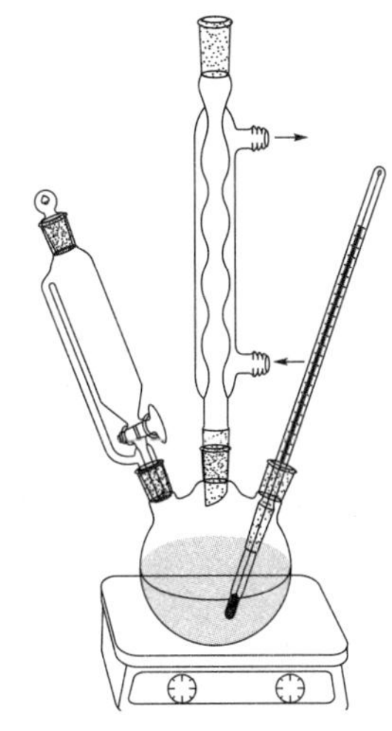

图 3-10　苯亚甲基苯乙酮合成装置

2. 苯亚甲基苯乙酮分离纯化

待搅拌结束后，将烧瓶置于冰水中冷却 20 min 左右，使结晶完全。减压抽滤，得到的产物用水充分洗涤，直至溶液呈中性（石蕊试纸检测）。然后用少量乙醇洗涤结晶（大约 5 mL），减压抽干，得到粗产物。[2] 粗产物用 95% 乙醇重结晶，如果溶液颜色较深，可用少量活性炭脱色。[3] 冷却，得到浅黄色片状结晶，称量，计算产率。

纯苯亚甲基苯乙酮有顺反两种异构体，顺式结构为淡黄色晶体，熔点为 45 ℃ ~ 46 ℃；反式结构为淡黄色棱状晶体，熔点为 56℃ ~57 ℃。

3.11.4 思考题

（1）合成苯亚甲基苯乙酮时，加入苯亚甲基苯乙酮晶种的作用是什么？

（2）用 95% 乙醇作为溶剂进行重结晶时，有哪些需要注意的问题？

（3）本实验可能发生哪些副反应，应该怎样避免？

[注释]

[1] 温度不宜过高或过低。过高，副产物较多；过低，产物黏稠，不宜过滤和洗涤。

[2] 苯亚甲基苯乙酮可能会引发皮肤的过敏反应，所以在处理时不要接触到皮肤。

[3] 苯亚甲基苯乙酮的熔点较低，重结晶回流时呈熔融状，所以需要加入溶剂使其呈均相。加入 95% 乙醇的量可根据粗产物的质量估算，每克粗产物加入 4 ～ 5 mL 溶剂。

3.12 苯乙酮的制备

3.12.1 实验目的

（1）学习 Fridel-Crafts 酰化法制备芳香酮的原理与方法。

（2）巩固无水实验操作以及萃取、蒸馏等操作。

3.12.2 实验原理

Fridel-Crafts 酰基化反应是制备芳香酮的常用方法。在路易斯酸催化剂（无水氯化铝）的作用下，比较活泼的芳香族化合物与酸酐发生亲电取代反应，生成芳基烷酮或二芳基酮。除了氯化铝外，常见的路易斯酸还有氯化铁、氯化锌、氯化锡等，但无水氯化铝的效果最好，所以本实验以氯化铝为催化剂。需要注意的是，所有的 Fridel-Crafts 都应在无水的条件下进行。

本实验利用的是苯与乙酸酐在无水氯化铝的作用下制备苯乙酮，反应式如下：

$$C_6H_6 + (CH_3CO)_2O \xrightarrow{\text{无水}AlCl_3} C_6H_5COCH_3 + CH_3COOH$$

3.12.3 实验步骤

1. 粗产物制备

在 100 mL 三颈烧瓶中安装上滴液漏斗、搅拌器和回流冷凝管，回流冷凝管连接一个装有无水氯化钙的干燥管，干燥管连接一个气体吸收装置（吸收液为氢氧化钠，吸收氯化氢气体）。快速研碎并称取 10 g 无水氯化铝，迅速转移到烧瓶中，然后加入已经干燥过的 15 mL 无水苯。打开磁力搅拌器，通过滴液漏斗缓慢滴加 3.5 mL 乙酸酐（大约需要 15 min 滴加完毕），注意控制滴加速度，避免反应过于剧烈。[1,2] 乙酸酐滴加完毕后，将三口烧瓶置于 50 ℃ ~ 60 ℃的水浴中加热回流，直到烧瓶反应液中没有气体逸出。反应装置如图 3−11 所示

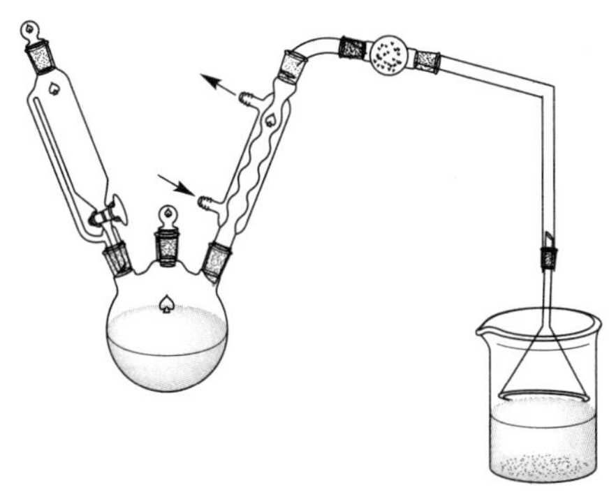

图 3−11　苯乙酮合成反应装置

2. 分离纯化

待烧瓶中的溶液冷却至室温后，在搅拌的状态下，将溶液倒入盛有 18 mL 浓盐酸与 30 g 碎冰的烧杯中（在通风橱中操作），充分搅拌，如果有不溶物存在，可加入适量浓盐酸使其溶解。然后将溶液转移至分液漏斗中，静置分层，分出有

机层，水层用苯萃取两次（每次 8 mL）。将萃取物与前面的有机层合并，依次用 5 mL 10% 的氢氧化钠与 5 mL 水洗涤，再用无水硫酸镁干燥。

安装蒸馏装置，将干燥后的粗产物在水浴上蒸馏，蒸去溶液中的苯，然后在石棉网上加热，蒸去残留的苯。待温度上升至 140 ℃左右时，停止加热，将冷凝管换为空气冷凝管，继续加热，收集 195 ℃～202 ℃的馏分。[3] 称重，计算产率。

纯苯乙酮为无色油状液体，熔点为 20.5 ℃，沸点为 202.0 ℃，相对密度为 1.028 1，折光率为 1.537 2。

3.12.4 思考题

（1）水（或潮气）对本实验有什么影响？本实验都采取了哪些除水、防潮的措施？

（2）加乙酸酐时为什么要逐滴加入？

（3）反应完成后为什么要用浓盐酸与碎冰冰解？

[注释]

[1] 无水氯化铝易吸潮，所以要快速研碎、称取，如果无水氯化铝已经发黄，说明已经吸潮，不能再使用。

[2] 乙酸酐在使用前应重新蒸馏，收集 137 ℃～140 ℃的馏分。

[3] 此处也可用减压蒸馏，不同压力下苯乙酮的沸点如表 3-2 所示。

表 3-2　不同压力下苯乙酮的沸点

压力 /Pa（$\times 10^3$）	0.53	0.67	0.8	1.06	1.33	3.33	5.32	7.98
沸点 /℃	60	64	68	73	78	98	109.5	120

3.13　己二酸的制备

3.13.1 实验目的

（1）学习环己醇氧化制备己二酸的原理与方法。

（2）巩固抽滤、重结晶等操作。

3.13.2 实验原理

用高锰酸钾或硝酸氧化环己醇可得到己二酸，反应式如下：

高锰酸钾氧化环己醇的反应式：

$$\text{环己醇 (OH)} + KMnO_4 \xrightarrow{NaOH} NaOOC(CH_2)_4COOK + MnO_2$$

$$NaOOC(CH_2)_4COOK \xrightarrow{H^+} HOOC(CH_2)_4COOH$$

硝酸氧化环己醇的反应式：

$$\text{环己醇 (OH)} + 8\,HNO_3 \longrightarrow HOOC(CH_2)_4COOH + 8\,NO_2 + 7\,H_2O$$

由于用硝酸氧化环己醇制备己二酸的反应非常激烈，且会产生二氧化氮（有毒，且污染环境），所以在本实验中选择高锰酸钾作为氧化剂。

3.13.3 实验步骤

按照图 3-12 安装实验装置，在 150 mL 三颈烧瓶中加入 50 mL 1% 的氢氧化钠溶液和 6 g 高锰酸钾，开动搅拌器，用滴液漏斗缓慢滴加 2.1 mL 环己醇，注意控制加液速度，使烧瓶内的反应保持在 43 ℃ ~ 47 ℃。[1,2] 待环己醇滴加完毕后，反应液温度降低至 43 ℃左右，用沸水浴加热烧瓶，大约 15 min，使反应完全。

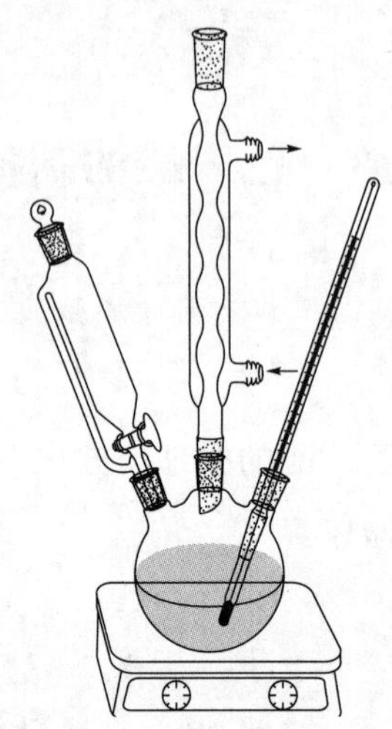

图 3-12　滴加搅拌反应装置

取一张干净的滤纸，用玻璃棒点一滴反应液，如果出现红色，说明反应还不完全，可继续加热几分钟；如果没有出现红色，说明反应完全。如果继续加热数分钟后仍旧存在红色，可加入少量的固体亚硫酸氢钠，消除过量的高锰酸钾。

趁热抽滤，滤液保留，滤饼用少量热水洗涤三次（每次都应尽量挤压尽滤饼中的水分）。将滤液与洗涤液合并，转移到 100 mL 烧杯中，加入 4 mL 浓盐酸。小心加热溶液，直到溶液体积浓缩到大约 15 mL，冰水浴中冷却，析出晶体。抽滤，并用 10 mL 冷水洗涤晶体，干燥，得到白色的己二酸晶体。称重，计算产率。

纯己二酸为白色棱状晶体，熔点为 153 ℃。

3.13.4 思考题

（1）为什么要控制环己醇的滴加速度与反应液的温度？

（2）滤液与洗涤液中加入浓盐酸的作用是什么？

（3）用冷水洗涤晶体的作用是什么？洗涤用水量对实验结果有什么影响？

[注释]

[1] 环己醇的熔点为 24 ℃，在常温下为黏稠液体，会有少量黏在量筒上，所以可以用少量水清洗量筒，并将清洗的水一并加到烧瓶中。

[2] 该反应为放热反应，为了避免反应过于剧烈，一定要控制加液速度，保持液体温度。

3.14　肉桂酸的制备

3.14.1 实验目的

（1）学习柏琴反应的原理以及肉桂酸制备的方法。

（2）巩固水蒸气蒸馏、抽滤等基本操作。

3.14.2 实验原理

芳香醛和含有 α-H 的脂肪酸酐在碱性条件下，发生类似羟醛缩合，生成 α，β- 不饱和芳香酸的反应，称为柏琴反应（Perkin 反应）。反应所用的催化剂可以是相应酸酐的羧酸钠盐或钾盐，也可以是碳酸钾或叔胺。反应过程以肉桂酸的制备为例，可表示如下：

$$CH_3-\overset{O}{\overset{\|}{C}}-O-\overset{O}{\overset{\|}{C}}-CH_3 + CH_3COOK \rightleftharpoons \left[\bar{C}H_2-\overset{O}{\overset{\|}{C}}-O-\overset{O}{\overset{\|}{C}}-CH_3 \longleftrightarrow CH_2=\overset{O^-}{\overset{|}{C}}-O-\overset{O}{\overset{\|}{C}}-CH_3\right]$$

$$\underset{\text{亲核加成}}{\overset{C_6H_5CHO}{\rightleftharpoons}} C_6H_5-\overset{O^-}{\overset{|}{\underset{H}{C}}}-CH_2-\overset{O}{\overset{\|}{C}}-O-\overset{O}{\overset{\|}{C}}-CH_3 \underset{O\text{-酰基交换}}{\rightleftharpoons} C_6H_5HC(O-\overset{O}{\overset{\|}{C}}-CH_3)-\underset{H}{HC}-CO_2^- \xrightarrow[\beta\text{-消去}]{-H^+} \underset{H}{\overset{C_6H_5}{}}C=C\underset{CO_2^-}{\overset{H}{}}$$

碱的作用是促使酸酐发生烯醇化反应，生成醋酸酐碳负离子，接着碳负离子与芳醛发生亲核加成，第三步是中间产物的氧酰基交换产生更稳定的 β- 酰氧基丙酸负离子，最后经 β- 消去产生肉桂酸盐。[1]

因用碳酸钾代替羧酸盐可提高产率、缩短反应时间，所以本实验以碳酸钾为催化剂，以苯甲醛和乙酸酐为原料，制备肉桂酸。反应式如下：

$$C_6H_5CHO + H_3C-\overset{O}{\overset{\|}{C}}-O-\overset{O}{\overset{\|}{C}}-CH_3 \xrightarrow[150\sim170^{\circ}C]{K_2CO_3} C_6H_5CH=CHCOOH + CH_3COOH$$

在 150 ℃～170 ℃下长时间加热，生成的产物肉桂酸可能会发生部分脱羧产生不饱和烃类副产物，并生成树脂状物，尤其当温度超过 200 ℃时，上述副反应发生的可能性更大。其反应式如下：

$$n\ C_6H_5CH{=}CHCOOH \xrightarrow[-\ CO_2]{>160\ ^{\circ}C} n\ C_6H_5CH{=}CH_2 \xrightarrow{\triangle} \left[CH(C_6H_5)-CH_2 \right]_n$$

3.14.3 实验步骤

1. 反应回流

在 100 mL 三颈烧瓶中加入 3.5 g 研细的无水碳酸钾粉末、2.6 g（2.5 mL，0.025 mol）苯甲醛与 7.5 g（7 mL，0.073 mol）乙酸酐，几粒沸石，摇荡烧瓶，使三者充分混合。按照图 3–13 安装实验装置，通过电热套或油浴加热回流，当温度达到 150 ℃左右时，记录时间，回流约 45 min（温度始终维持在 150 ℃～ 170 ℃）。[2,3,4] 由于有二氧化碳逸出，最初反应会出现泡沫。反应回流装置如图 3–13 所示。

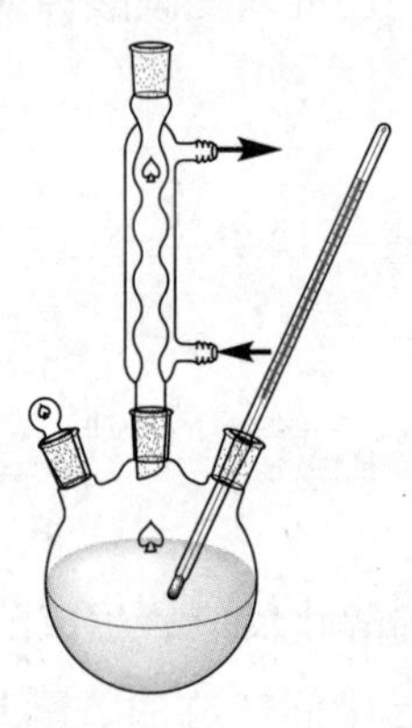

图 3–13 肉桂酸合成反应回流装置

2. 分离纯化

回流结束后，停止加热，待反应物稍冷（大约 100 ℃），向烧瓶内加入 20 mL 温水溶解瓶内固体，进行水蒸气蒸馏（蒸去什么？），直至无油状物蒸出为止。

待烧瓶稍冷后，将残留液转移到烧杯中，加入约 20 mL 10 % 的氢氧化钠溶液，以保证所有的肉桂酸形成钠盐而溶解。再加入 20 mL 水，加热煮沸后加入少量活性炭脱色，趁热过滤。待滤液冷至室温后，在搅拌下，小心加入 10 mL 浓盐酸和 10 mL 水的混合物，至溶液呈酸性。冷却结晶，减压抽滤，并用少量水洗涤滤饼，将滤饼转移到表面皿上，在空气中晾干或用红外灯干燥或在烘箱中用 80 ℃左右的温度烘干，称重，计算产率（粗产物约 2 g）。粗产品可用热水或水和乙醇的体积比为 3 ：1 的溶液进行重结晶。纯肉桂酸（反式）为白色片状结晶，熔点 133 ℃，沸点 300 ℃，相对密度 1.245。

3.14.4 思考题

（1）具有何种结构的醛能进行柏琴反应？若用苯甲醛与丙酸酐发生柏琴反应，其产物是什么？

（2）水蒸气蒸馏的目的是什么？

（3）怎样减少或预防副反应的发生？

[注释]

[1] 虽然理论上肉桂酸存在顺反异构体，但柏琴反应只得到反式肉桂酸（熔点 133 ℃），顺式异构体（熔点 68 ℃）不稳定，在较高的反应温度下很容易转变为热力学更稳定的反式异构体。

[2] 苯甲醛放久了会因为自动氧化而生成大量的苯甲酸，这不但会影响反应的进行，而且苯甲酸混在产品中不易除干净，将影响产品的质量。故本反应所需的苯甲醛要事先蒸馏，截取 170℃～180 ℃馏分供使用。

[3] 乙酸酐放久了会因吸潮和水解转变为乙酸，故本实验所需的醋酐必须在实验前进行重新蒸馏。

[4] 回流时间不能过长，减少副产物的生成。

3.15　乙酸乙酯的制备

3.15.1 实验目的

（1）学习酯化反应原理以及乙酸乙酯的制备方法。

（2）巩固分馏、蒸馏等基本操作。

3.15.2 实验原理

醇和羧酸或无机含氧酸生成酯的反应称为酯化反应。本实验以乙醇和乙酸为原料，在浓硫酸的催化作用下，制备乙酸乙酯。反应式如下：

$$CH_3COOH + CH_3CH_2OH \xrightleftharpoons[110 \sim 120\ ^{o}C]{\text{浓}\ H_2SO_4} CH_3COOCH_2CH_3 + H_2O$$

酯化反应为可逆反应，当反应达到平衡后，乙酸乙酯的量便不再增加，所以为了促使反应向生成乙酸乙酯的方向进行，可采用增加某一反应物的量（乙酸或乙醇）或者移出某一产物（乙酸乙酯或水）的方式，也可以两者兼用。本实验采取过量乙醇以及不断蒸出产物的方式促使平衡向右移动。

在反应过程中，如果温度过高，则可能会发生副反应（反应式如下），所以为了避免副反应的发生，实验过程中要控制好反应温度。

$$CH_3CH_2OH \xrightleftharpoons[140\ ^{o}C]{\text{浓}\ H_2SO_4} CH_3CH_2OCH_2CH_3 + H_2O$$

3.15.3 实验步骤

1. 合成反应

按照图3-14安装合成反应装置。在250 mL三颈烧瓶中加入12 mL 95%乙醇，在摇动烧瓶的状态下缓慢加入12 mL浓硫酸，混合均匀，加入几粒沸石。滴液漏斗中加入12 mL 95%乙醇与12 mL冰醋酸的混合溶液，先通过滴液漏斗向烧瓶中缓慢滴入混合溶液3 ～ 4 mL，用电热套（或油浴）小火加热，使烧瓶内溶液

的温度达到 110 ℃～120 ℃，此时有液体蒸出，然后再通过滴液漏斗缓慢滴加剩余的混合溶液，注意控制滴液速度（滴液速度与流出速度相等），使反应温度维持在 110 ℃～120 ℃。[1] 加液完毕后，继续加热 10 min 左右，直到温度升高到 130 ℃左右，且不再有馏出液，停止加热。

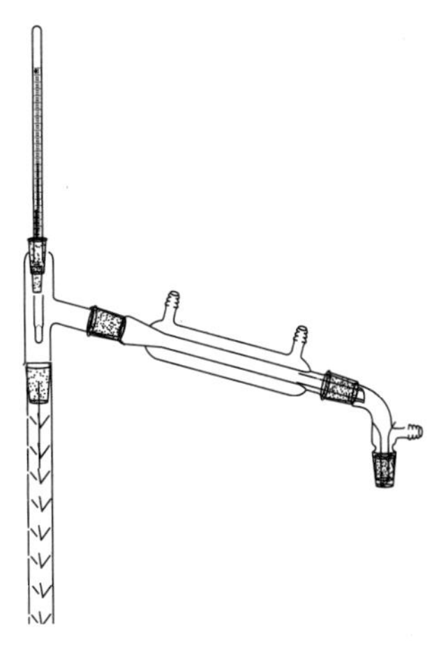

图 3-14　乙酸乙酯合成反应装置

2. **精制**

向馏出液中加入饱和碳酸钠溶液，每次加入 1 ～ 2 mL，边加边振摇，直到没有气泡产生（大约 10 mL）。[2] 将溶液转移至分液漏斗中，振摇后静置分层，分去下层水相，酯层用 10 mL 饱和食盐水洗涤，静置，分去食盐水层，酯层再用饱和氯化钙溶液洗涤两次，每次 10 mL，分去下层液体。剩余溶液转移至锥形瓶中，加入无水硫酸镁干燥。[3]

将干燥后的溶液转移至 50 mL 圆底烧瓶中，加入几粒沸石，水浴蒸馏，收集 73 ℃ ~ 78 ℃的馏分。称重，计算产率。

纯乙酸乙酯为无色透明液体，沸点为 77 ℃，相对密度为 0.900 3，折光率为 1.371 9。

3.15.4 思考题

（1）浓硫酸在本实验中起什么作用?

（2）本实验采取乙醇过量的方式促进反应平衡向右移动，是否可以采取醋酸过量的方式，为什么?

（3）用饱和食盐水与饱和氯化钙溶液洗涤的作用分别是什么？能否用水代替饱和食盐水？

［注释］

[1] 反应温度过高会促使副产物的生成，滴液速度太快会使部分乙醇和醋酸来不及反应便被蒸出，此步大约需要 1 h。

[2] 馏出液中除含有产物乙酸乙酯外，还含有少量的乙醇、水、乙醚、醋酸。

[3] 因为溶液是澄清透明的，所以不能依据溶液是否澄清判断干燥剂的量，而是要依据干燥剂的变化情况去判断。

3.16　苯甲酸乙酯的制备

3.16.1 实验目的

（1）学习苯甲酸乙酯的制备原理与方法。

（2）熟悉分水器的使用方法。

（3）巩固萃取、干燥、蒸馏等操作。

3.16.2 实验原理

本实验同样利用酯化反应制备酯，原料为苯甲酸和乙醇，在浓硫酸的催化下制备苯甲酸乙酯。反应式如下：

$$C_6H_5COOH + CH_3CH_2OH \underset{\text{环己烷}}{\overset{\text{浓}H_2SO_4}{\rightleftharpoons}} C_6H_5COOCH_2CH_3 + H_2O$$

此反应同样为可逆反应，为了促使反应向生成酯的方向移动，实验中采取了以下措施：

（1）采用过量乙醇，使反应平衡向右移动。

（2）用环己烷作为带水剂，利用分水器及时将生成的水带出。[1]

3.16.3 实验步骤

1. 合成反应

在 100 mL 圆底烧瓶中，加入 6 g（0.049 mol）苯甲酸、15 mL（0.25 mol）无水乙醇、15 mL 环己烷和 2.5 mL 浓硫酸，摇匀后加入几粒沸石，再装上分水器，从分水器上端小心地加环己烷至分水器支管处，再在分水器上端接一回流冷凝管（图 3–15）。[2,3]

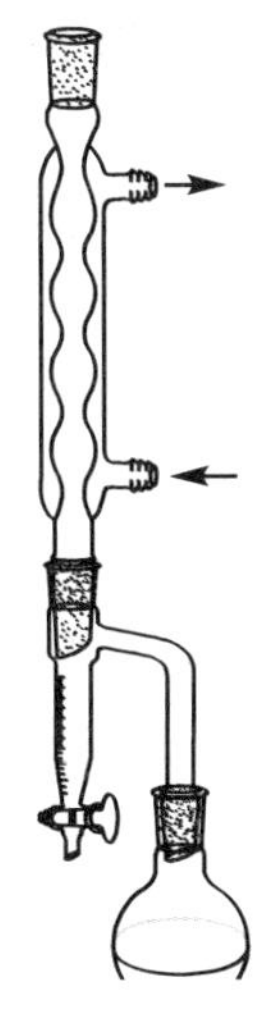

图 3–15　分水回流装置

将烧瓶在水浴中加热回流，开始时回流速度要慢。随着回流的进行，烧瓶中的环己烷、乙醇与水形成三元共沸物被蒸出烧瓶，在冷凝管中冷却，然后滴入分水器。[4] 分水器中出现了上、下两层液体，且下层液体越来越多。反应至分水器上层液体澄清，看不到水滴滴落时，反应结束。

2. 精制

打开旋塞，放出分水器中的下层液体，继续用水浴加热，使多余的环己烷和乙醇蒸至分水器中（当充满分水器时，可由活塞放出，注意放时要移去火源）。

将烧瓶中的残留液倒入盛有 45 mL 冷水的烧杯中，在搅拌下分批加入碳酸钠粉末，直至溶液呈中性。[5,6]

用分液漏斗分出粗产物，水层用 15 mL 乙醚萃取，将醚萃取液与前面的有机层合并，用无水氯化钙干燥。[7] 干燥后的溶液先水浴回收乙醚，然后改成电热套加热精馏，收集 210 ℃～213 ℃馏分，称重，计算产率（产量约 5 g）。[8]

纯苯甲酸乙酯为具有芳香气味的无色透明液体，相对密度为 1.05，沸点为 212.6 ℃，熔点 −34.6 ℃，折光率为 1.500 1。

3.16.4 思考题

（1）分水器在本实验中的作用是什么？

（2）在萃取和分液时，如果两相之间出现乳浊液，分层不明显，可采取什么方法？

（3）本实验应用什么原理和措施来提高苯甲酸乙酯的产量？

[注释]

[1] 因为苯甲酸乙酯的沸点较高（212.6 ℃），很难蒸出，所以采用加入环己烷的方法，使环己烷、乙醇和水组成一个三元共沸物（沸点 62.6 ℃），以除去反应中生成的水。

[2] 在旋摇下滴加浓硫酸为妥。若浓硫酸与苯甲酸直接接触，则立即呈现黄棕色，影响产率。

[3] 安装冷凝管时，将其基端尖头远对分水器侧管，使滴下的液体离侧管最远，使水在分水器中有效分离，若滴在侧管附近，则在分层前，会溢流到反应瓶中，影响分水效率。

[4] 环己烷 − 乙醇 − 水三元共沸物的沸点和组成如表 3−3 所示：

表 3−3　环乙烷 − 乙醇 − 水三元共沸物的沸点和组成

沸点 /℃ (101.325 kPa)				质量分数 /%		
水	乙醇	环己烷	共沸物	水	乙醇	环己烷
100	78.3	80.7	62.6	4.8	19.7	75.5

[5] 加碳酸钠的目的是除去硫酸和未作用的苯甲酸，苯甲酸为有机酸，与盐的反应较慢，所以碳酸钠要研细后分批加入。

[6] 用试纸检测，pH 值约为 7 即可。

[7] 若粗产物中含有絮状物难以分层，则可直接用 12.5 mL 乙醚萃取。

[8] 此处也可以选择减压蒸馏（124 ～ 126 kPa 或 144 ～ 146 kPa）

3.17　乙酰水杨酸的制备

3.17.1 实验目的

（1）学习乙酰水杨酸制备的原理与方法。

（2）巩固结晶、抽滤、重结晶等基本操作。

3.17.2 实验原理

乙酰水杨酸，俗称阿司匹林，是一种常用的镇痛、解热药。乙酰水杨酸具有双官能团——羟基与羧基。本实验以水杨酸和乙酸酐为原料，在浓硫酸的催化作用下制备乙酰水杨酸。反应式如下：

$$\text{(COOH, OH)} + (CH_3COO)_2O \xrightarrow[\text{水浴，}80\sim90\ ^{\circ}C]{\text{浓}H_2SO_4} \text{(COOH, O–C(=O)–}CH_3\text{)} + CH_3COOH$$

除上述反应外，水杨酸分子间可能会发生缩合反应，生成少量的聚合物。反应式如下：

$$n\ \text{(COOH, OH)} \xrightarrow{H^+} [\ \cdots\ ]_n + nH_2O$$

乙酰水杨酸因具有羧基可溶于碱液，而副反应生成的聚合物难溶于碱液，所以可以借助碱液将主产物与副产物分离开来。

3.17.3 实验步骤

1. 粗产物制备

在 100 mL 干燥锥形瓶中加入 2 g 干燥的水杨酸、5 mL 乙酸酐和 5 滴浓硫酸，充分摇动锥形瓶，使固体全部溶解。[1] 将锥形瓶置于 80 ～ 90 ℃的热水中加热，加热过程中不断摇动锥形瓶，水浴加热大约持续 20 min。[2]

加热完毕后，冷却至室温，有晶体开始析出，然后在搅拌的状态下缓缓加入 30 mL 冷水，并将其置于冰水浴中冷却（大约 10 min），使结晶完全析出。减压抽滤，用抽滤液洗涤锥形瓶数次，直到锥形瓶中的结晶全部收集到布氏漏斗中，再用少量的冷水洗涤结晶，抽干，得到乙酰水杨酸粗产物。

2. **分离纯化**

将粗产物转移至 100 mL 烧杯中，在搅拌状态下加入 25 mL 饱和碳酸钠溶液，使晶体溶解，并继续搅拌，直至没有气泡（二氧化碳）产生。抽滤，并用 5 ～ 10 mL 水洗涤，将滤液与洗涤液合并，转移至 100 mL 烧杯中，缓慢加入 15 mL 4 mol/L 的盐酸溶液，一边加入，一边搅拌，有晶体析出。[3] 将烧杯置于冰水浴中冷却，使结晶析出完全（大约冷却 20 min）。减压抽滤，用少量冷水洗涤滤饼 2 ～ 3 次，抽干水分。将晶体转移至表面皿中，用红外灯干燥，称重，计算产率。

取少量晶体置于试管中，加入 5 mL 蒸馏水溶解，然后滴加 1 ～ 2 滴 1% 的氯化铁溶液，观察溶液颜色变化。[4]

为了得到更纯的产物，可继续进行重结晶处理：用大约 5 mL 乙醇溶解产物，溶解时用水浴小心加热，待产物全部溶解后加入少量热水，溶液变混浊，然后停止加水，继续加热，直至溶液变得澄清。[5] 趁热过滤，使滤液自然冷却到室温，晶体析出，抽滤，用少量冷水洗涤滤饼，得到白色晶体，干燥。[6]

纯乙酰水杨酸为白色针状晶体，熔点为 135 ～ 136 ℃。

3.17.4 思考题

（1）本实验中浓硫酸的作用是什么？

（2）加入饱和碳酸钠溶液的目的是什么？

（3）用氯化铁判断产物纯度的原理是什么？

[注释]

[1] 乙酸酐在使用前要重新蒸馏。

[2] 为了减少副产物的生成，反应温度不宜过高。

[3] 4 mol/L 的盐酸由 5 mL 浓盐酸与 10 mL 水配置而成。加入浓盐酸时，速度不要过快，避免晶体的晶粒过大。

[4] 通过观察溶液颜色变化判断产物的纯度：如果出现紫色，说明产物中存在水杨酸，产物不纯，需要对产物进行重结晶处理；如果没有颜色变化，说明没有水杨酸存在，产物纯度基本达到要求。

[5] 在用乙醇溶解重结晶时，严禁使用明火，当溶剂量较大时，还需要安装回流装置。重结晶时，为了避免产物乙酰水杨酸分解，加热时间不宜过长。

[6] 如果没有晶体析出，可用玻璃棒摩擦瓶内壁；如果仍旧没有晶体析出，可先将滤液适当浓缩，待温度稍稍降低后置于冰水浴中冷却。

3.18　4- 苯基 -2- 丁酮的制备

3.18.1 实验目的

（1）学习 4- 苯基 -2- 丁酮制备的原理与方法。

（2）巩固回流、萃取、蒸馏等操作。

3.18.2 实验原理

乙酰乙酸乙酯中的亚甲基上的氢原子因受两个相邻羰基的影响变得比较活泼，与醇钠等强碱反应时可被置换生成钠化合物；后者可以与卤代烷发生亲核取代反应，生成烷基取代的乙酰乙酸乙酯；烷基取代的乙酰乙酸乙酯与稀碱作用发生酮式分解得到取代甲基酮。本实验便是以乙酰乙酸乙酯为原料经合成烷基取代物再进行酮式分解制备 4- 苯基 -2- 丁酮的。反应式如下：

$$H_3C-CO-CH_2-CO-O-CH_2CH_3 \xrightarrow{C_2H_5ONa} H_3C-CO-\overset{-}{C}H-CO-O-CH_2CH_3\ Na^+ \xrightarrow{C_6H_5-CH_2Cl}$$

$$H_3C-CO-CH(CH_2C_6H_5)-CO-O-CH_2CH_3 \xrightarrow{NaOH} H_3C-CO-CH(CH_2C_6H_5)-CO-O^-\ Na^+ \xrightarrow[-CO_2]{HCl} CH_3-\overset{O}{\overset{\|}{C}}-CH_2-CH_2-C_6H_5$$

3.18.3 实验步骤

1. 粗产物制备

在 100 mL 三颈烧瓶上连接回流冷凝管、滴液漏斗，加入磁子，然后加入 10 mL 无水甲醇和 0.46 g 金属钠，打开电磁搅拌。待钠反应完全后，室温下继续搅拌，并通过滴液漏斗滴加 3 mL 乙酰乙酸乙酯，搅拌 10 min。室温下，继续滴加 2.7 mL 新蒸过的氯化苄，此时溶液呈米黄色，且混浊，加热回流 30 min。[1] 停止加热，待溶液稍稍冷却后，缓慢滴加由 2 g 氢氧化钠与 15 mL 水配成的碱溶液，大约需要 5 min 滴加完，此时溶液的 pH 值大约为 11。加热回流，大约 30 min 后停止加热，待溶液冷却到 40 ℃以下，缓慢滴加入 1.4 mL 浓盐酸，促使溶液 pH 值为 1 ～ 2，继续加热回流 30 min。

2. 分离纯化

回流结束后，待溶液冷却到室温后转移到分液漏斗中，静置分层。溶液上层为黄色有机层，分出有机层，水层用 10 mL 乙醚洗涤一次，将洗涤液与前面的有机层合并，再用饱和氯化钠溶液洗涤两次，直到溶液 pH 值为 6 ～ 7，分出有机层，用无水硫酸钠干燥。连接蒸馏装置，将干燥后的溶液置于水浴上蒸馏，蒸去乙醚，然后减压蒸馏，收集 132 ～ 140 ℃ /5.35 kPa（40 mmHg）馏分，称重，计算产率。[2]

纯 4- 苯基 -2- 丁酮为无色透明液体，相对密度为 0.972，沸点为 233 ℃～ 234 ℃，折光率（n_D^{20}）为 1.511 0。

3.18.4 思考题

（1）饱和氯化钠溶液洗涤的作用是什么？

（2）本实验可能产生的主要副产物是什么？

（3）本实验有哪些需要特别注意的地方？

[注释]

[1] 金属钠切成小块，分次加到三颈烧瓶中，钠加到烧瓶中后很快会发生反应，并产生氢气。

[2] 注意乙醚的蒸馏安全与后处理。

3.19　苯胺的制备

3.19.1 实验目的

（1）学习硝基苯还原制备苯胺的原理与方法。

（2）巩固回流、水蒸气蒸馏等操作。

3.19.2 实验原理

制取苯胺时不能将氨基（$—NH_2$）直接导入芳环，而是通过将硝基苯还原为苯胺这一间接的方式来制备。在还原制备法中，实验室中常用的还原剂有铁－醋酸、铁－盐酸、锡－盐酸等。

锡－盐酸作为还原剂时，不要搅拌，操作便捷，且产量较高，但锡的造价较高，同时酸碱的消耗量较大。锡－盐酸作为还原剂时的反应式如下：

$$2\,C_6H_5NO_2 + Sn + 14HCl \longrightarrow (C_6H_5NH_3^+)_2\,SnCl_6^{2-} + 4\,H_2O$$

$$(C_6H_5NH_3^+)_2\,SnCl_6^{2-} + 8NaOH \longrightarrow 2\,C_6H_5NH_2 + Na_2SnO_3 + 5H_2O + 6NaCl$$

相较于锡－盐酸而言，铁－醋酸的产量虽然较低，但造价也低，且消耗的酸碱量较少。用铁－醋酸作为还原剂时，反应式如下：

$$4\,C_6H_5NO_2 + 9Fe + 4H_2O \xrightarrow{H^+} 4\,C_6H_5NH_2 + 3Fe_3O_4$$

本实验采取铁－醋酸做还原剂制备苯胺。

3.19.3 实验步骤

称取 16.3 g 铁粉、1.7 mL 冰醋酸、50 mL 水加到 250 mL 三颈烧瓶中，振摇，混合均匀，然后按照图 3-16 安装实验装置。电热套上小火加热煮沸，大约持续 3 ～ 5 min。停止加热，待溶液稍稍冷却后，打开搅拌装置，并通过滴液漏斗分次加入 8.7 mL 硝基苯。[1,2] 加液完毕后，加热回流（30 ～ 40 min），使反应完全。[3]

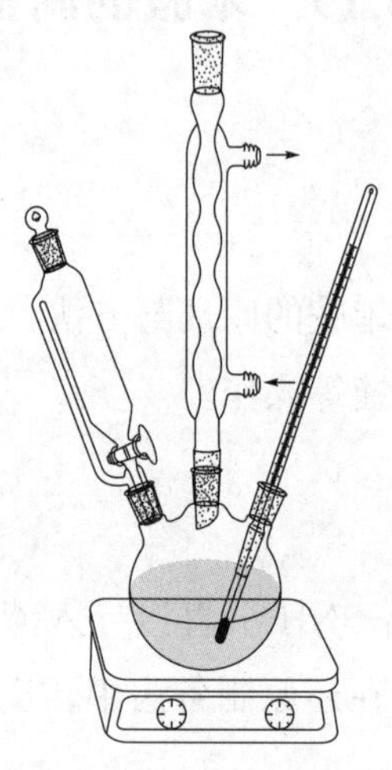

图 3–16　苯胺的合成装置

回流结束后，待反应物稍稍冷却后，将装置改为水蒸气蒸馏装置，收集馏出液，当馏出液由乳白色浊液变得澄清时，更换接收容器，继续收集馏出液约 50 mL。

将第一次接收的馏出液转移到分液漏斗中，静置分层，分出有机层，水层加入氯化钠（按照 100 mL 水加入 20 g 氯化钠的比例加入），使溶液趋于饱和。

将第二次收集的馏出液用苯萃取两次，每次 10 mL，收集苯萃取液，然后用此萃取液萃取前面保留的氯化钠饱和溶液，萃取两次。

将萃取液与前面的有机层合并，转移至蒸馏烧瓶中，加入几粒沸石，安装蒸馏装置，沸水浴蒸馏，蒸出溶液中的苯。[4] 待苯蒸出后，将加热装置换成电热套，当温度上升到 140 ℃时，停止加热，稍稍冷却后，将冷凝管换成空气冷凝管，继续加热，收集 180 ℃～ 185 ℃的馏分，称重，计算产率。[5,6]

纯苯胺为无色油状液体，相对密度为 1.021 7，沸点为 184.4 ℃，折光率为 1.586 3。

3.19.4 思考题

（1）第一次分液的水层中加入氯化钠的作用是什么？

（2）本实验为什么选择用水蒸气蒸馏?

（3）为什么冷凝管的回流液呈无色时便可以判断反应已经完全?

[注释]

[1] 加热的目的是活化铁粉，促进反应进行。

[2] 该反应为放热反应，所以每次加入硝基苯后，反应都会表现得比较剧烈，因此要根据反应的剧烈程度，控制硝基苯加入的量和间隔时间。

[3] 反应完全后，硝基苯全部被消耗，冷凝管的回流液呈无色。

[4] 苯与水能够形成共沸物，在蒸馏苯时能够将溶液中的水带出，所以在蒸馏前不需要对溶液进行干燥。

[5] 实验结束后，应立即洗去粘在烧瓶中的铁锈，必要时用少量稀盐酸清洗，避免冷却后铁锈不好清洗。

[6] 苯胺有毒，在操作时注意不要接触皮肤，如果不小心接触到皮肤，应立即用水冲洗，并用肥皂清洗。

3.20　乙酰苯胺的制备

3.20.1 实验目的

（1）学习酰化反应及其制备乙酰苯胺的原理与方法。

（2）巩固分馏、抽滤、重结晶等基本操作。

3.20.2 实验原理

胺的酰化反应是指伯胺或仲胺氮原子上的氢被酰基取代生成 *N*- 烃基酰胺或 *N*- 二烃基酰胺的反应。胺的酰化反应在有机合成中有着重要的作用。

乙酰苯胺可通过芳胺与冰醋酸、乙酸酐或乙酰氯等试剂作用制得，其中苯胺与乙酰氯反应最为激烈、乙酸酐次之，冰醋酸反应最慢，但冰醋酸价格便宜、试剂易得、操作方便，所以本实验采用冰醋酸作为乙酰化试剂。反应式如下：

$$C_6H_5NH_2 + CH_3COOH \rightleftharpoons C_6H_5NHCOCH_3 + H_2O$$

上述反应为可逆反应，为提高转化率，减少逆反应的发生，本实验采用冰醋酸过量、利用分馏除去生成的水等措施，来提高平衡转化率。[1] 另外，在反应过程中为避免苯胺被氧化，可加入少量锌粉。

3.20.3 实验步骤

1. 苯胺乙酰化反应

在 50 mL 圆底烧瓶中加入 5 mL（5.1 g，0.055 mol）苯胺、7.5 mL（7.85 g，0.13 mol）冰醋酸和少量锌粉（约 0.05 g），加入几粒沸石，按照图 3–17 安装实验装置。[2,3] 电热套小火加热，使溶液微沸，保持大约 15 min，然后升高加热温度，当温度升高到 100 ℃左右时，有馏出液产生。使温度维持在 100 ～ 110 ℃，继续加热蒸馏，大约 1 h，当温度计读数下降（有时会出现白雾）时，证明反应已经完全，停止加热。[4]

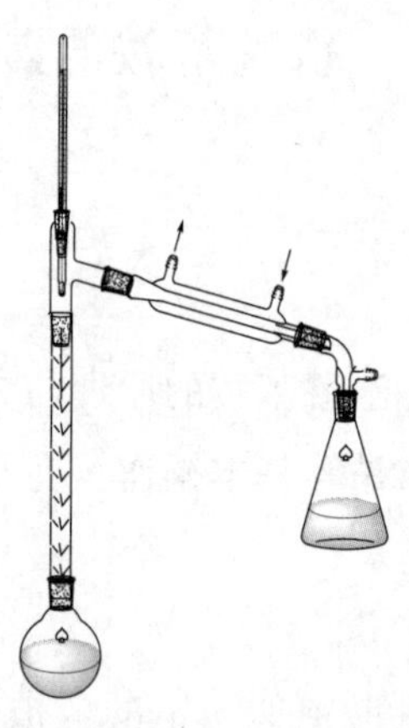

图 3–17　乙酰苯胺的合成装置

2. 分离纯化

趁热将溶液倒入装有 50 mL 冷水的烧杯中，一边倒入一边搅拌，冷却后，乙酰苯胺呈结晶状析出。[5] 减压抽滤，滤饼用少量冷水洗涤，得到粗产物。

将粗产物转移至 250 mL 烧杯中，加 100 mL 热水，煮沸，使固体全部溶解。[6] 停止加热，待溶液稍稍冷却后，加入 0.2 g 活性炭，搅拌、煮沸（3 ～ 5 min），趁热抽滤。[7] 迅速将滤液转移到烧杯中，冷却，待晶体析出完全后，减压抽滤，滤饼用少量冷水洗涤。将产品转移到表面皿上，晾干，称重，计算产率。

纯乙酰苯胺为白色片状结晶或白色结晶粉末，熔点 114.3 ℃，沸点 304 ℃，相对密度 1.219 0，折光率（n_D^{20}）为 1.586 0。

3.20.4 思考题

（1）为了提高乙酰苯胺的产量，本实验采取了哪些措施？

（2）实验中，为什么要将分馏柱上端的温度控制在 105 ℃左右？温度过低或过高对实验有什么影响？

（3）反应开始时，电热套小火加热的作用是什么？

（4）加入活性炭的作用是什么？

（5）为什么将水作为溶剂重结晶乙酰苯胺？重结晶操作中，有哪些注意事项？

[注释]

[1] 由于冰醋酸的沸点与水的沸点接近（两者沸点差小于 30 ℃），很容易随水一同被蒸出，因此本实验采用分馏装置，使冰醋酸回流到烧瓶中继续参与反应。

[2] 因为苯胺久置会发生氧化而产生杂质（颜色较深），所以在使用前应重新蒸馏。因为苯胺的沸点较高，蒸馏时选用空气冷凝管冷凝，或采用减压蒸馏。

[3] 锌粉的作用是防止苯胺氧化，只要少量即可，加得过多，会出现不溶于水的氢氧化锌。

[4] 水的沸点为 100 ℃，冰醋酸的沸点为 117.9 ℃，温度过高会导致未反应的冰醋酸被蒸出，且容易氧化苯胺；温度过低不能将水蒸出，所以温度控制在 100 ℃～ 110 ℃为宜。

[5] 反应完成后，趁热将反应混合物倒出，若让反应液冷却，则会有乙酰苯胺固体析出，沾在烧瓶壁上不易倒出，导致实验不易处理。

[6] 如果加热溶解过程中存在油珠，应补加热水，直到油珠消失。

[7] 为了防止产物遇冷析出，抽滤用的布氏漏斗与吸滤瓶应提前置于热水中进行热处理。

3.21 对氨基苯磺酰胺的制备

3.21.1 实验目的

（1）学习对氨基苯磺酰胺的制备原理与方法。

（2）巩固回流、重结晶等基本操作。

3.21.2 实验原理

本实验以乙酰苯胺为原料，经过氯磺化和氨解，然后在酸性介质中水解除去乙酰基，制得对氨基苯磺酰胺。反应式如下：

$$NHCOCH_3 + 2HOSO_2Cl \longrightarrow NHCOCH_3 / SO_2Cl + H_2SO_4 + HCl$$

$$NHCOCH_3 / SO_2Cl + NH_3 \longrightarrow NHCOCH_3 / SO_2NH_2 + HCl$$

$$NHCOCH_3 / SO_2NH_2 + H_2O \xrightarrow{H^+} NH_2 / SO_2NH_2 + CH_3COOH$$

由第一步氯磺化的反应式可知，乙酰苯胺与氯磺酸的量应为1 ∶ 2(摩尔比)，但在实际反应中，氯磺酸的量应超过理论值，否则容易生成硫酸，从而影响实验结果。[1]

3.21.3 实验步骤

1. 对乙酰氨基苯磺酰氯的制备

在 100 mL 干燥的锥形瓶中加入 5 g 乙酰苯胺，小火加热，使之融化，如果瓶壁上有水汽凝结，应用干净的滤纸擦掉。待乙酰苯胺融化后，轻轻摇动锥形瓶，使乙酰苯胺在锥形瓶的瓶底上形成薄层。[2] 快速量取 12.5 mL 氯磺酸并迅速倒入锥形瓶中，然后塞上带有导气管的塞子（如图 3–18 所示，注意防止倒吸）。氯磺酸加入后很快会发生反应，如果反应过于剧烈，则可用水浴冷却。待反应缓和后，摇动锥形瓶，然后置于温水中加热（10 ～ 15 min），使反应完全，直到没有气体产生。

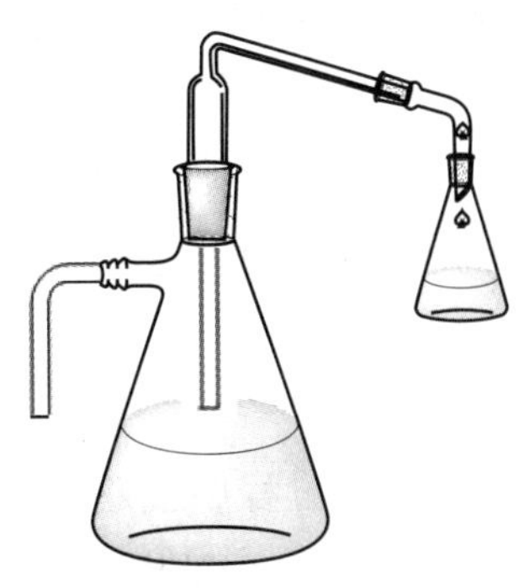

图 3–18　对乙酰氨基苯磺酰氯合成反应装置图

溶液冷却后，在通风橱中将溶液缓慢导入盛有 75 mL 冰水的烧杯中，边倒边搅拌，转移完溶液后用 10 mL 冷水洗涤锥形瓶，洗涤液并入烧杯中。[3] 继续搅拌数分钟，并将大块固体粉碎，使其成为颗粒较小且比较均匀的白色固体。减压抽滤，滤饼用少量冷水洗涤，抽干水分，立即开始下一步实验。

2. 对乙酰氨基苯磺酰胺的制备

将第一步得到的产物转移到烧杯中，在通风橱中加入 17.5 mL 浓氨水，边加边搅拌，产生白色稠状固体。继续搅拌约 15 min，使反应完全。搅拌结束后，加入 10 mL 水，小火加热约 10 min。[4]

3. 对氨基苯磺酰胺的制备

将第二步得到的产物转移到圆底烧瓶中，加入 3.5 mL 浓盐酸和几粒沸石，用电热套小火加热，回流 30 min。溶液冷却后，得到几乎澄清的溶液。如果溶液呈黄色，可加入少量活性炭，煮沸约 10 min，趁热过滤。将得到的滤液转移至烧杯中，慢慢加入碳酸氢钠固体（大约 3 ～ 4 g），当溶液接近中性时（此时还没有固体析出），换成碳酸氢钠饱和溶液，直到溶液呈中性，此时有固体析出。将烧杯置于冰水中冷却，使固体析出完全，抽滤，滤饼用少量冷水洗涤，得到粗产物。粗产物用水重结晶，水的用量依据粗产物的量而定（大约 1 g 粗产物用 12 mL 水）。重结晶后称重，计算产率。

纯对氨基苯磺酰胺为白色针状结晶，熔点为 164.5 ～ 166.5 ℃。

3.21.4 思考题

（1）为什么制备步骤是先乙酰化苯胺再氯磺化，是否可以直接氯磺化？为什么？

（2）酰胺化合物水解的原理与条件分别是什么？

（3）制备对氨基苯磺酰胺时，调节 pH 值的作用是什么？

[注释]

[1] 氯磺酸具有腐蚀性，在操作过程中应避免与皮肤接触；另外，氯磺酸在空气中会产生氯化氢气体，遇水会放出大量热量，所以操作速度要快，且实验中的仪器必须干燥无水。

[2] 乙酰苯胺与氯磺酸的反应非常剧烈，将乙酰苯胺熔化成薄层可以缓和反应，如果在实验过程中反应仍然十分剧烈，则可适当冷却。

[3] 倒入的速度一定要缓慢，且搅拌要充分，避免因局部过热使乙酰氨基苯磺酰氯水解。

[4] 小火加热除去多余的氨，如果溶液中仍存在氨，则可加入微量稀盐酸中和。

3.22　甲基橙的制备

3.22.1 实验目的

（1）学习重氮化反应和耦合反应的操作。

（2）掌握甲基橙制备的原理与方法。

（3）巩固过滤、重结晶等基本操作。

3.22.2 实验原理

芳香族伯胺在酸性介质中和亚硝酸钠作用下生成重氮盐，重氨盐与芳香叔胺耦联，生成偶氮染料。本实验需要先将对氨基苯磺酸重氮化制成重氮盐，然后与 N，N- 二甲基苯胺反应，在弱碱性介质中耦合得到甲基橙。反应式如下：

重氮化反应：

$$HO_3S-C_6H_4-NH_2 \longrightarrow {}^-O_3S-C_6H_4-NH_3^+ \xrightarrow{NaOH} NaO_3S-C_6H_4-NH_2$$

$$\xrightarrow{HCl} {}^-O_3S-C_6H_4-NH_3^+ \xrightarrow{NaNO_2} HO_3S-C_6H_4-N_2^+Cl^-$$

耦合反应：

$${}^-O_3S-C_6H_4-\overset{+}{N}\equiv N \xrightarrow[HOAc]{C_6H_5N(CH_3)_2} {}^-O_3S-C_6H_4-N=N-C_6H_4-\overset{+}{N}H(CH_3)_2 \xrightleftharpoons{\text{质子迁移}}$$

$${}^-O_3S-C_6H_4-\overset{+}{N}H=N-C_6H_4-N(CH_3)_2 \xrightarrow{NaOH} NaO_3S-C_6H_4-N=N-C_6H_4-N(CH_3)_2$$

甲基橙常用作酸碱指示剂，其变色范围介于 pH 值 3.1 和 4.4 之间，当 pH $\leqslant$ 3.1时，呈红色；当pH值在3.1～4.4时，呈橙色；当pH $\geqslant$ 4.4时，呈黄色。因此，可根据变色情况对产物进行初步鉴定。

3.22.3 实验步骤

1. 重氮盐的制备

量取 5 mL 5% 氢氧化钠溶液置于 100 mL 烧杯中，再加入 1.05 g 对氨基苯磺酸，热水浴加热，使固体溶解。另称取 0.4 g 亚硝酸钠，溶于 3 mL 水中形成溶液，将该溶液加入前面的烧杯中，搅拌均匀后，将烧杯置于冰水中冷却，使温度降低到 5 ℃以下。

量取 1.7 mL 浓盐酸与 5 mL 冰水置于锥形瓶中，混合均匀后用冰水浴冷却，使温度降低到 5 ℃以下。在不断搅拌的状态下，将盐酸溶液缓慢滴加到上述溶液中，烧杯始终置于冰盐浴中，并将温度控制在 5 ℃以下。[1] 盐酸溶液滴加完毕后，用淀粉 - 碘化钾试纸检验，然后继续在冰盐浴中放置 15 min，使反应完全。[2]

2. 耦合反应

在试管中加入 0.65 g N，N- 二甲基苯胺与 0.5 mL 冰醋酸，混合均匀，在不断搅拌的状态下缓慢加到第一步制备的重氮盐溶液中，加完后，继续搅拌大约 10 min。在搅拌下，慢慢加入 12.5 mL 5% 的氢氧化钠溶液，直到反应物变为橙色，粗制的甲基橙以细粒状沉淀析出。

水浴加热反应物，大约持续 5 min，冷却至室温，然后再用冰水浴冷却，使甲基橙完全析出。抽滤，滤饼依次用少量水、乙醇、乙醚洗涤。[3] 干燥后称量，计算产率。为了得到较纯的甲基橙，可用含有少量氢氧化钠的沸水进行重结晶（每克粗产物大约需要 25 mL）。[4]

可将制得的产物溶于水中，加入几滴稀盐酸，然后再滴加氢氧化钠溶液，观察溶液颜色的变化情况。

3.22.4 思考题

（1）制备重氮盐时，为什么需要先加入氢氧化钠溶液？

（2）滤饼用乙醇、乙醚洗涤的作用是什么？

（3）重氮化反应为什么要在酸性环境中完成，而耦合反应又为什么要在碱性环境中完成？

[注释]

[1] 在第一步重氮化的过程中，要严格控制反应的温度，因为温度超过 5 ℃ 时生成的重氮盐容易发生水解，导致产率降低，因此滴液速度要慢，避免温度过高。

[2] 如果试纸不显蓝色，则需要补加适量亚硝酸钠，注意亚硝酸钠不要过量，否则容易引起一些副反应。

[3] 产物在高温下易变质，所以加热时间不能过长，且温度不能过高（不超过 80 ℃）。

[4] 重结晶操作时速度要快，避免甲基橙变质、颜色加深。

3.23　碘仿的制备

3.23.1 实验目的

（1）了解电化学方法及其在有机合成中的应用。

（2）学习电化学方法制备碘仿的原理与方法。

3.23.2 实验原理

电化学方法是利用电解的原理制备有机化合物的，其具有环境污染小、转化率高等优点。本实验以电解碘化钾和丙酮的水溶液来合成碘仿，其原理可通过阳极发生的反应来解读：

阳极：

$$2I^- - 2e \longrightarrow I_2$$

$$I_2 + 2OH^- \longrightarrow IO^- + I^- + H_2O$$

$$CH_3COCH_3 + 3IO^- \longrightarrow CH_3COO^- + CHI_3 + 2OH^-$$

在阳极，碘离子首先失去电子形成碘，然后碘在碱性溶液中形成碘酸根，最后碘酸根与丙酮发生反应，生成碘仿（三碘甲烷）。

阴极反应如下：

$$2H_2O + 2e \longrightarrow 2OH^- + H_2$$

总反应如下：

$$3I^- + CH_3COCH_3 + 3H_2O \rightarrow CH_3COO^- + CHI_3 + 2OH^- + H_2$$

本实验可能发生的副反应如下：

$$3IO^- \rightarrow IO_3^- + 2I^-$$

在本实验中，因为电解液是水，所以阴极发生的反应是以水为质子源，这样便不会影响反应的中间体或产物，因此两极之间不需要用隔膜隔开，电解装置相对简单很多。

3.23.3 实验步骤

取 150 mL 烧杯作为电解槽，两根石墨棒作为电极，垂直固定于玻璃杯内，距杯底大约 1.5 cm，便于磁子搅拌，两电极之间相距约 3 mm。[1] 选用 0 ～ 12 V 的可调电压作为电解电源，装置连接如图 3–19 所示。

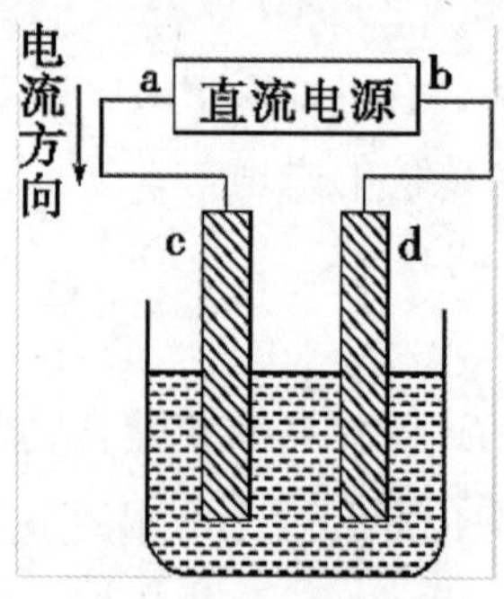

图 3–19　电解池示意图

装置连接完毕后，向烧杯中加入 100 mL 水、1 mL 丙酮和 3.3 g 碘化钾，打开电磁搅拌器，使固体溶解且混合均匀，接通电源，调节电流，使电流稳定在 1 A，此时可看到阳极石墨棒附近开始出现晶体。[2,3] 随着电解的进行，附着在电极上的产物越来越多，导致电解电流降低，此时可改变电流方向，从而使电流保持恒定。[4]

室温下电解 1 h，电解过程中电解液的 pH 值逐渐增大（可用 pH 试纸检测），

电解完毕后，再继续搅拌 2 min，然后减压抽滤，滤饼用少量水洗涤两次，自然晾干，得到粗产物。用乙醇作为溶剂，对粗产物进行重结晶，得到纯度较高的碘仿。称重，测量熔点，计算产率。

纯碘仿为亮黄色晶体，熔点为 119 ℃。

3.23.4 思考题

（1）为什么电解过程中电解液的 pH 值逐渐增大？

（2）最后碘仿粗产品的纯化除了重结晶的方法之外，还可以采取什么方法？

（3）使用乙醇重结晶时，有哪些需要注意的地方？

[注释]

[1] 两极距离尽可能接近，这样可以减小电解压，但不可以使两极接触，避免发生短路。

[2] 此处也可以人工搅拌，但搅拌时注意不要触碰到电极，避免电极碰到一起发生短路。

[3] 此处析出的晶体为碘仿，但为粗产品，还需要精制。

[4] 可借助电流换向器转变电流方向，转换间隔大约为每 15 min 一次。

3.24　呋喃甲醇与呋喃甲酸的制备

3.24.1 实验目的

（1）学习坎尼扎罗（Canizzaro）反应及应用此反应制备呋喃甲醇与呋喃甲酸的原理与方法。

（2）巩固萃取、蒸馏、重结晶等基本操作。

3.24.2 实验原理

在强碱的作用下，无 α-H 的醛自身可发生氧化还原反应，一分子醛被还原为醇，另一分子醛被氧化成酸，这种反应称为坎尼扎罗（Canizzaro）反应。

本实验以呋喃甲醛为原料，在氢氧化钠的作用下制备呋喃甲醇与呋喃甲酸。反应式如下：

$$\text{2-呋喃基}-CHO + NaOH \longrightarrow \text{2-呋喃基}-CH_2OH + \text{2-呋喃基}-COONa$$

$$\text{2-呋喃基}-COONa + HCl \longrightarrow \text{2-呋喃基}-COOH + NaCl$$

3.24.3 实验步骤

1. 呋喃甲醇的制备

称取 8 g 氢氧化钠，溶于 12 mL 水中，将氢氧化钠溶液转移至 100 mL 三颈烧瓶中，并加入磁子，在冰水浴中冷却到 5 ℃。[1] 量取 16.4 mL 新蒸过的呋喃甲醛置于滴液漏斗中，在搅拌下通过滴液漏斗向烧瓶中滴加呋喃甲醛，注意控制滴加速度，使烧瓶中溶液的温度维持在 8 ℃ ~ 12 ℃。[2,3] 呋喃甲醛滴加完毕后，在此温度下继续搅拌 30 min，得到黄色浆状物。

在搅拌下，向烧瓶中加入适量水，直到浆状物恰好溶解，溶液呈暗红色。[4] 将溶液转移至分液漏斗中，用乙醚萃取 4 次，每次 15 mL，将乙醚萃取液合并（水溶液转移至干净烧杯中留用），用无水硫酸镁干燥。安装蒸馏装置，先用水浴加热蒸馏除去溶液中的乙醚，然后在石棉网上加热蒸馏呋喃甲醇，收集 169 ℃～ 172 ℃的馏分，称重，计算产率。

纯呋喃甲醇为无色液体，沸点为 171 ℃，相对密度为 1.129 6，折光率为 1.486 9。

2. 呋喃甲酸的制备

向上一步萃取得到的水溶液中缓慢加入浓盐酸，直到刚果红试纸变蓝，此时溶液 pH =3，冷却，使晶体完全析出，抽滤，滤饼用少量水洗涤，得到粗产物。[5] 用水做溶剂，对粗产物进行重结晶，得到白色针状晶体，干燥，称重，计算产率。[6]

纯呋喃甲酸为白色针状晶体，熔点为 133 ℃～ 134 ℃。

3.24.4 思考题

（1）第一步反应中的黄色浆状物是什么？

（2）乙醚萃取后的水溶液为什么用浓盐酸酸化，是否可以用浓硫酸？为什么？

（3）本实验是根据什么原理分离呋喃甲醇与呋喃甲酸的？

[注释]

[1] 冷却过程中可开启搅拌，使溶液均匀降温。

[2] 呋喃甲醛久置后颜色会变成棕褐色或黑色，且含有少量水分，所以使用前要重新蒸馏。

[3] 温度超过 12 ℃，反应不易控制，且反应物容易变成深红色；温度低于 8 ℃，反应太慢，且之后如果温度升高太快，又会增加副产物，影响产量及纯度。

[4] 此处一定要控制加水的量，如果加入的水过多，容易导致产物损失，影响产率。

[5] 酸化是使呋喃甲酸充分游离的重要一步，影响呋喃甲酸的产率，所以此步 pH 值一定要达到 3。

[6] 重结晶时加热时间不宜过长，否则容易使部分呋喃甲酸分解，影响产率和纯度。

3.25　8- 羟基喹啉的制备

3.25.1 实验目的

（1）学习环合的 SKraup 反应原理及应用该原理制备杂环化合物 8- 羟基喹啉的操作方法。

（2）巩固回流、水蒸气蒸馏和重结晶等操作。

3.25.2 实验原理

芳香胺与无水甘油、浓硫酸及弱氧化剂如硝基苯、间硝基苯磺酸或砷酸等一起加热可得喹啉及其衍生物，这一反应称为 Skraup 反应。

本实验以无水甘油、邻氨基苯酚、邻硝基苯酚和浓硫酸为原料，通过 Skraup 反应制备 8- 羟基喹啉。浓硫酸的作用是使甘油脱水生成丙烯醛，并使丙烯醛和邻氨基苯酚发生反应后脱水成环。邻硝基苯酚作为弱氧化剂，可将上述反应形成的环状产物 8- 羟基 -1, 2- 二氢喹啉氧化成 8- 羟基喹啉。反应过程可表示如下：

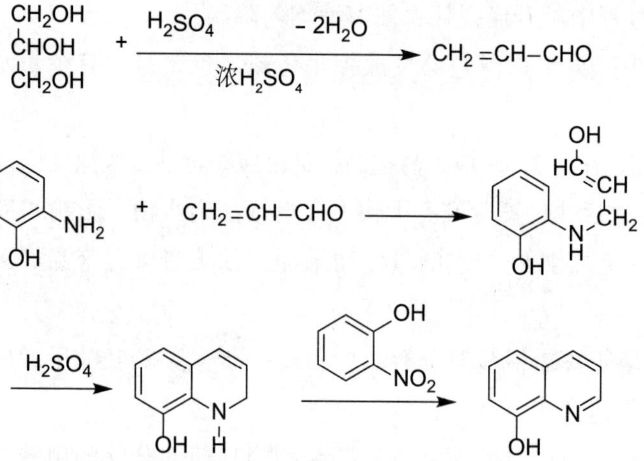
CH2OH
CHOH
CH2OH
H2SO4
- 2H2O
浓H2SO4
CH2 =CH–CHO
NH2
OH
CH2 =CH–CHO
OH
HC
CH
N
H
CH2
OH
H2SO4
N
H
OH
OH
NO2
N
OH

3.25.3 实验步骤

1. 回流反应

称取 0.9 g 邻硝基苯酚、1.4 g 邻氨基苯酚置于 100 mL 圆底烧瓶中，加入 3.8 mL 无水甘油，摇动烧瓶，使之混合均匀。[1] 量取 2.3 mL 浓硫酸，在振摇的状态下缓慢加到烧瓶中，混合均匀并置于冰水浴中冷却。待溶液冷却后，加入几粒沸石，按照图 3–20 安装普通回流装置，电热套小火缓慢加热。因为反应会放出大量热量，所以当溶液微沸后即可移去热源，依靠反应自身放热即可维持反应。待反应缓和后，重新用电热套小火加热，依旧使溶液保持微沸状态，回流大约持续 1 h。

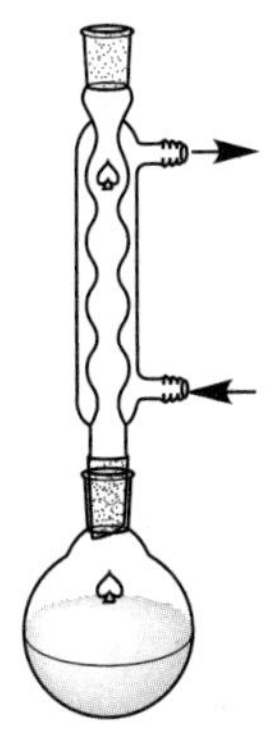

图 3-20　8- 羟基喹啉合成反应回流装置

2. 分离纯化

待溶液冷却后，拆去冷凝管，然后向烧瓶中加入 8 mL 水并摇匀，再加入几粒沸石，安装水蒸气蒸馏装置进行蒸馏，直到蒸出的溶液由淡黄色变为无色。[2]

待烧瓶中的溶液冷却到室温后，向烧瓶中缓慢滴加 3.5 mL 50% 的氢氧化钠溶液，置于冰水中冷却，然后缓慢滴加饱和碳酸氢溶液，使溶液呈中性（pH 值为 7 ～ 8）。[3]

往烧瓶中加入 10 mL 水，再进行水蒸气蒸馏，收集馏出液。将馏出液至于冰水中冷却，析出粗产物，抽滤。得到的粗产物用乙醇 - 水混合溶剂（体积比为 4 ∶ 1）重结晶，干燥，称重，计算产率。

纯 8- 羟基喹啉为白色或淡黄色结晶或结晶性粉末，熔点为 75 ℃ ~ 76 ℃。

3.25.4 思考题

（1）分离纯化过程中，两次水蒸气蒸馏的作用分别是什么？条件有什么不同？

（2）得到的粗产物是否可用升华的方式纯化？为什么？

[注释]

[1] 甘油应是无水的，如果甘油含水量较大，应先进行干燥处理：将甘油加热到 180 ℃，然后冷却到 100 ℃，再放到盛有浓硫酸的干燥器中备用。

[2] 烧瓶中存在未反应的邻硝基苯酚，呈淡黄色，可随水一同被蒸出，所以当溶液由淡黄色变为无色后，证明未反应的邻硝基苯酚已经全部被蒸出。

[3] 溶液呈中性，即 pH 值为 7 ～ 8 时，能够确保更多，甚至全部的 8- 羟基喹啉被蒸出。

3.26　肥皂的制备

3.26.1 实验目的

（1）学习皂化反应及肥皂制取的原理与方法。

（2）熟悉盐析原理及其在肥皂制备中的应用。

（3）巩固回流、沉淀洗涤、减压抽滤等基本操作。

3.26.2 实验原理

油脂与强碱溶液共热，可发生碱性水解，生成高级脂肪酸的钠盐 / 钾盐和甘油，由于这是肥皂制取中重要的一步，也称为皂化反应。在反应后的溶液中加入溶解度较大的无机盐，能够降低高级脂肪酸的钠盐 / 钾盐的溶解度，从而使肥皂从溶液中析出，这一过程称为盐析。

肥皂是日常生活中常用的一种去污剂，其具有可生物降解、对环境污染小等优点，但由于肥皂在硬水中会生产脂肪酸钙盐，影响其去污能力，其更适宜在软水中使用。

本实验以猪油为原料，利用猪油中的主要成分——高级脂肪酸甘油酯，在氢氧化钠溶液中反应，制备肥皂。反应式如下：

$$\begin{array}{l} R^1COOCH_2 \\ R^2COOCH \\ R^3COOCH_2 \end{array} \xrightarrow[\triangle]{NaOH / H_2O} \begin{array}{l} R^1COONa \\ R^2COONa \\ R^3COONa \end{array} + \begin{array}{l} H_2C-OH \\ HC-OH \\ H_2C-OH \end{array}$$

3.26.3 实验步骤

1. 皂化

在 250 mL 圆底烧瓶中加入 5 g 猪油、15 mL 95% 的乙醇和 15 mL 40% 的氢氧化钠溶液，混合均匀，按照图 3-21 安装普通回流装置。电热套加热，使溶液微沸，并在微沸状态下回流约 40 min。如果在回流过程中，烧瓶内产生大量泡沫，则可通过冷凝管上口向烧瓶中滴入少量由 95% 的乙醇和 40% 的氢氧化钠溶液混合而成的溶液，以防泡沫冲到冷凝管中。

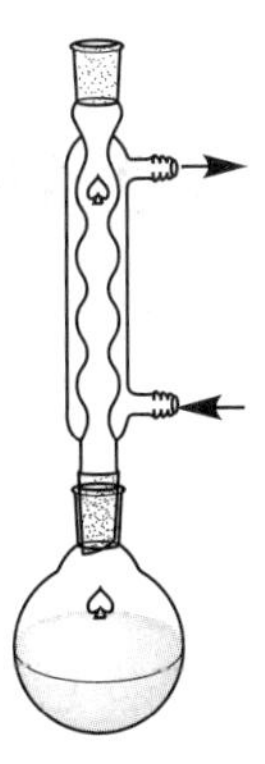

图 3-21　肥皂合成反应回流装置

2. 盐析

在烧杯中配置好 150 mL 饱和食盐水，待回流结束后，停止加热，将反应液趁热倒入烧杯中，搅拌，静置冷却。[1,2] 待溶液冷却后，减压抽滤，滤饼用少量冷水洗涤两次，抽干水分。

将滤饼取出，随意压制成型，并自然晾干，称重，计算产率。[3]

3.26.4 思考题

（1）除本实验用的猪油外，还可以用哪些原料制备肥皂？

（2）由实验原理可知，反应没有乙醇的参与，但为什么在实际的实验中要加入乙醇，其作用是什么？

（3）盐析抽滤后，冷水洗涤的作用是什么？

（4）对于另外一种产物——甘油，可怎样进行回收？

[注释]

[1] 反应生成的产物（肥皂与甘油）在碱性溶液中不易分离，而加入饱和食盐水后，可使肥皂从溶液中析出。

[2] 可蘸取少量反应液，将反应液放入盛有热水的试管中，轻轻振荡，如果没有油珠，说明反应已基本完全。

[3] 猪油可按化学式 $(C_{17}H_{35}COO)_3C_3H_5$ 计算肥皂的产率。

3.27 安息香的制备

3.27.1 实验目的

（1）了解安息香缩合反应。

（2）学习维生素 B_1 作为催化剂制备安息香的方法。

（3）巩固回流、重结晶等基本操作。

3.27.2 实验原理

芳香醛在氰离子的催化下可发生双分子缩合反应，生成 α- 羟基酮。通过苯甲醛缩合生成的二苯羟乙酮称为安息香，所以此类反应被称为安息香缩合反应。由于氰化物具有很强的毒性，在实验室中常用维生素 B_1 作为催化剂。反应式如下：

$$2\ C_6H_5\text{-}CHO \xrightarrow{\text{维生素}B_1} C_6H_5\text{-}\underset{}{\overset{OH}{\overset{|}{C}H}}\text{-}\overset{O}{\overset{\|}{C}}\text{-}C_6H_5$$

相较于氰化物而言，维生素 B_1 作为催化剂，无毒，反应较为温和，且产率较高。维生素 B_1 的结构式如下：

H_3C CH_2CH_2OH N H_3C—H_2C—N^+ S N NH_2

$Cl^- \cdot HCl$

3.27.3 实验步骤

称取 0.9 g 维生素 B_1 置于 50 mL 圆底烧瓶中，加入 2 mL 蒸馏水和 7 mL 95% 的乙醇，振荡，混合均匀，然后置于冰水中冷却。[1] 将 10% 的氢氧化钠置于冰水中冷却，待氢氧化钠冷却后，量取 2.5 mL 氢氧化钠溶液滴加到烧瓶中，边滴加边振荡，使溶液 pH 值为 9 ～ 10。

量取新蒸过的苯甲醛 5 mL 加到烧瓶中，并按照图 3-19 安装回流冷凝管，将烧瓶置于水浴（67 ℃ ~ 75 ℃）上加热回流大约 1.5 h，停止加热，待溶液冷却至室温后有浅黄色晶体析出。[2,3]

将烧瓶置于冰水中充分冷却，使结晶完全析出，减压抽滤，滤饼用少量冷水洗涤，抽干水分，干燥，得到粗产品。粗产品用 95% 的乙醇重结晶，抽滤，干燥，得到纯度较高的安息香。[4]

纯安息香为白色针状晶体，熔点为 134 ℃～ 136 ℃。

3.27.4 思考题

（1）氢氧化钠在反应中的作用是什么？

（2）为什么要将溶液的 pH 值调整为 9 ～ 10？

（3）为什么要将回流温度控制在 67 ℃ ~ 75 ℃？

[注释]

[1] 当温度较高时，维生素 B_1 在碱性环境中溶液开环，因此在加入氢氧化钠溶液前一定要冷却。

[2] 苯甲醛在使用前应重新蒸馏，防止含有苯甲酸，影响实验。

[3] 如果冷却后析出的晶体呈油状，可重新加热溶解，然后再次缓慢冷却析出晶体。

[4] 乙醇的用量按照 1 g 粗产品 6 mL 乙醇粗略计算。

第 4 章　天然有机化合物的提取

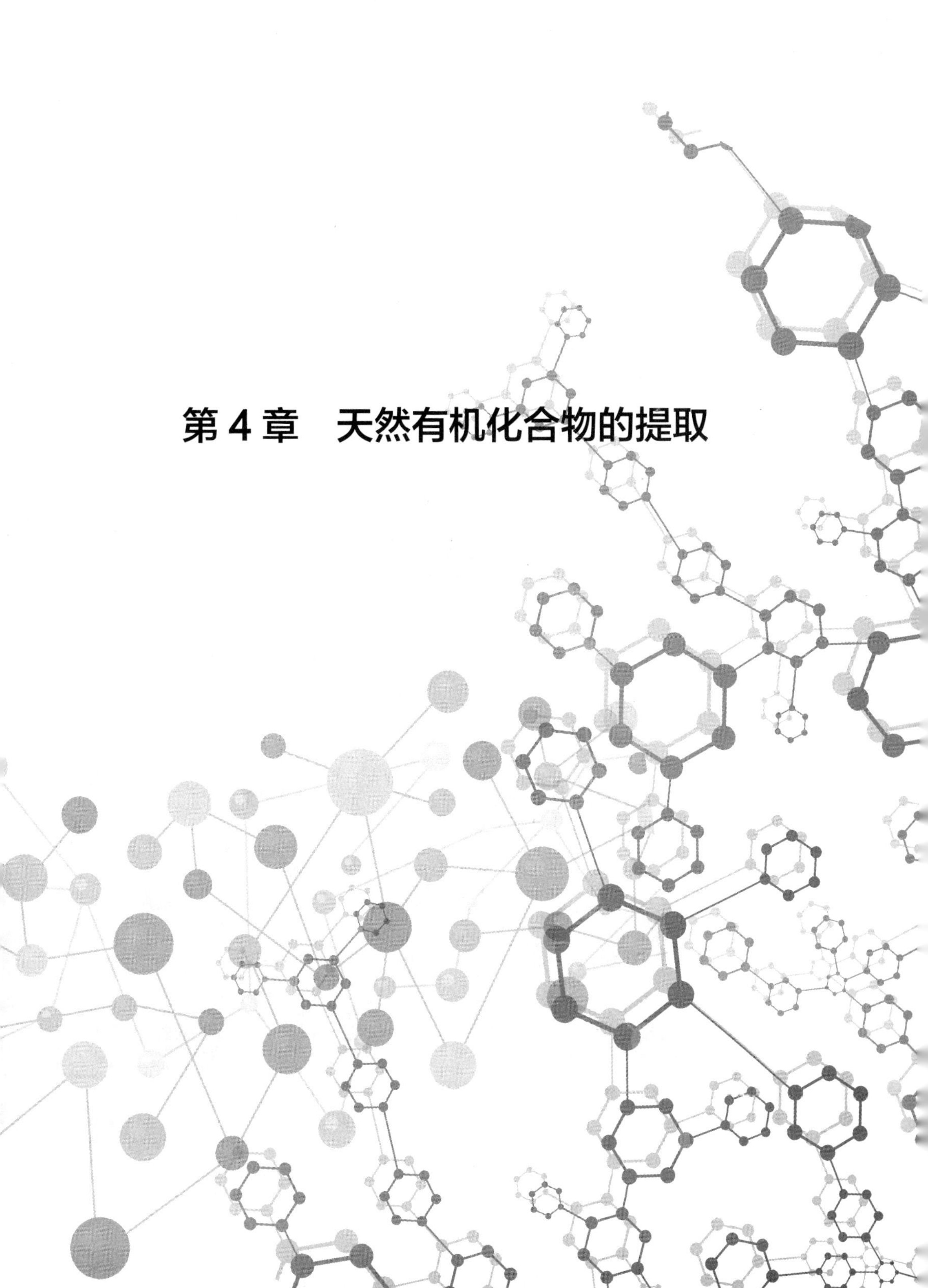

4.1　从茶叶中提取咖啡碱

4.1.1 实验目的

（1）了解咖啡碱的一般性质并学习从茶叶中提取咖啡碱的原理与方法。

（2）巩固索氏提取器的使用方法及升华法提纯有机物的基本操作。

4.1.2 实验原理

咖啡碱是一种生物碱，具有兴奋中枢神经的作用，在医学上可用作呼吸和心脏兴奋剂；同时，咖啡碱具有解热镇痛的作用，是复方阿司匹林的重要成分。

咖啡碱是嘌呤的衍生物，如果咖啡碱含有结晶水，在加热到 100 ℃时便可失去结晶水，并开始升华；在 120 ℃时，升华现象更为显著；超过 178 ℃时，可迅速升华。咖啡碱的结构式如下：

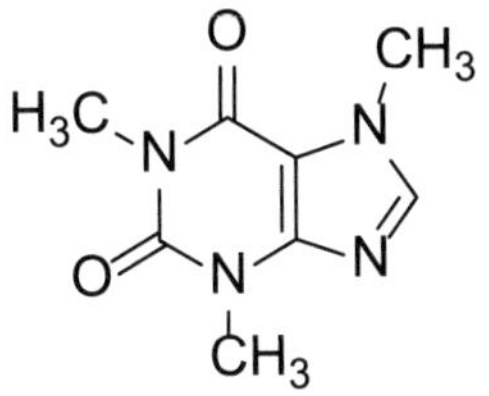

咖啡碱可从茶叶、咖啡果中提取，其中茶叶中咖啡碱的含量为 1% ～ 5%。本实验以茶叶为原料，以乙醇为溶剂，借助索氏提取器，从茶叶中提取咖啡碱。

因为茶叶中含有单宁酸（11% ～ 12%）和其他生物碱，所以提取到的粗产物还需要做进一步纯化。对于单宁酸而言，可通过加入碱使单宁酸成为盐，从而与咖啡碱分离；对于其他生物碱而言，可通过升华的方法将其与其他生物碱分离开来。

4.1.3 实验步骤

1. 回流提取

索氏提取器装置如图 4-1 所示。称取研细的干茶叶 10 g，转移至滤纸筒内，轻轻挤压茶叶后，上口盖上脱脂棉或者滤纸，置于提取筒中。量取 110 mL 95%

的乙醇，加到250 mL烧瓶中（也可以从提取筒加入），放入几粒沸石，水浴加热，连续回流提取大约 1 h。[1,2]

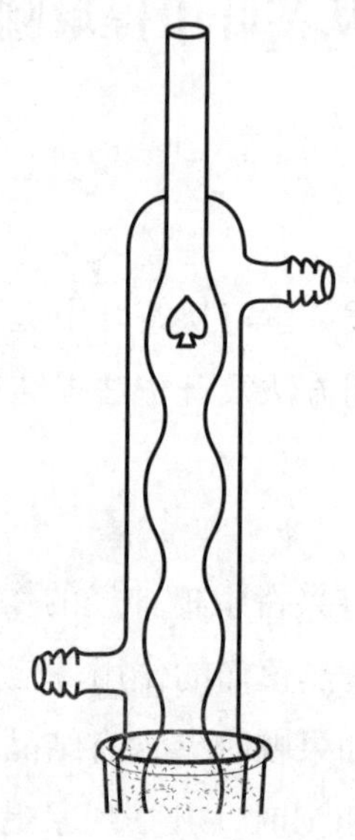

图 4-1　从茶叶中提取咖啡碱的索氏提取器装置

2. 提取液处理

回流结束，待溶液稍稍冷却后，将装置改为蒸馏装置，水浴加热，蒸出提取液中的乙醇（回收），然后趁热将浓缩的提取液转移至蒸发皿中。称取 3 g 生石灰粉，加到提取液中，搅拌，使其成糊状，然后以蒸汽浴的方式蒸干，蒸干过程中需要不断搅拌，如果出现结块应将其粉碎成粉末。[3,4] 待水分基本蒸干后，将蒸发皿转移到电热套上继续加热片刻（小火），尽可能使水分全部蒸出。[5] 冷却，将沾在蒸发皿边缘的粉末擦去，避免升华时污染产物。

3. 升华

取一张滤纸，用针戳出许多小孔，将其盖在上一步处理后的蒸发皿上（滤纸毛刺朝上）。另取一只口径与蒸发皿直径相适宜的漏斗，在漏斗颈部塞上一团脱脂棉（不能压紧，应疏松）。电热套小火加热，当观察到漏斗内壁出现晶体时，停止加热，待漏斗温度降低至室温附近时，将漏斗上的晶体小心地刮到表面皿上。[6]

用玻璃棒搅拌蒸发皿上的残渣，按照上述操作重新放好滤纸与漏斗，再进行

一次升华。注意此次升华的温度同样不能太高，避免出现烟雾，污染产物。

将两次升华的产物合并，称重，计算产率。

纯咖啡碱的熔点为 237 ℃。

4.1.4 思考题

（1）相较于其他萃取方式，索氏提取器具有什么优点？

（2）本实验以乙醇作为咖啡碱的提取剂，是否可以选择其他的提取剂？如果可以，试列举？

（3）本实验是否可以采取重结晶的方式提取咖啡碱？

（4）采取升华法提纯有机物时，有哪些需要注意的地方？

[注释]

[1] 如果没有现成的滤纸筒，可用此法制作：将脱脂滤纸卷成筒状，底部折起封闭，直径略小于抽提筒内径，高度不高于虹吸管。装入样品后，上口盖上脱脂棉或者滤纸，确保回流液能够均匀地渗透待提取物。

[2] 使用索氏提取器回流提取时，时间通常只作为一个参考，具体以提取筒中溶液的颜色为准，即当提取筒中溶液接近无色时，说明提取已基本完成，此时可停止加热。

[3] 生石灰可起到中和酸性杂质的作用，同时能够吸收提取液中的水分。

[4] 蒸汽浴方式：将水加到烧杯中，加热，使水沸腾，蒸发皿置于烧杯上即可。

[5] 应尽量将水分全部除去，否则在升华时会产生水雾，不仅影响操作和观察，还会污染产物。

[6] 加热速度要慢，避免受热不均出现碳化。

4.2　从烟草中提取烟碱

4.2.1 实验目的

（1）学习从烟草中提取烟碱的原理与方法。

（2）巩固水蒸气蒸馏的基本操作。

（3）了解烟碱的一般性质并掌握检验方法。

4.2.2 实验原理

烟碱又名尼古丁，是一种生物碱，由吡啶和吡咯两种杂环组成，其结构式如下：

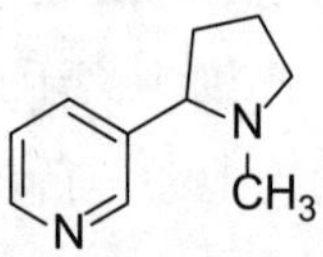

烟草中含有多种生物碱，如烟碱、假木烟碱、去甲烟碱等，其中烟碱的含量为 2% ～ 8%。本实验便是以烟草为原料，从烟草中提取烟碱。

由烟碱的结构式可知，烟碱具有碱性，能够使石蕊试剂变蓝，同时可以与酸发生反应生成盐。本实验便是依据烟碱与酸能够发生反应的性质，使烟碱与盐酸反应生成烟碱盐酸盐，然后加入氢氧化钠，使烟碱游离出来。反应过程如下所示：

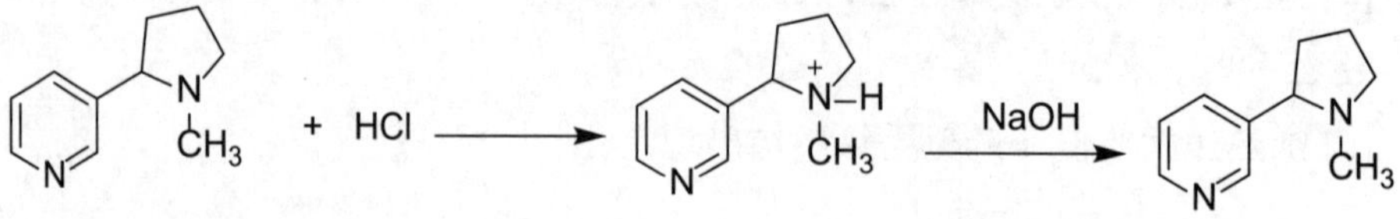

4.2.3 实验步骤

1. 烟碱提取

称取 5 g 烟草置于 100 mL 圆底烧瓶中，量取 50 mL 10% 盐酸溶液加到烧瓶中，

安装普通回流装置，加热回流 20 min。回流结束后，待溶液冷却到室温，将溶液转移到烧杯中，然后缓慢滴加 40% 的氢氧化钠溶液，一边滴加一边搅拌，使溶液呈碱性（用石蕊试纸检验）。[1]

将上述混合溶液转移到 250 mL 圆底烧瓶中，安装水蒸气蒸馏装置，收集馏出液，大约收集 12 mL 馏出液后，停止加热蒸馏。

2. **烟碱性质检验**

将馏出液分成 4 份，置于试管中，分别进行下述实验：

（1）碱性实验

向第一支试管中加入 1 滴酚酞试剂，轻轻振荡，观察实验现象。

（2）氧化反应[2]

向第二支试管中加入 1 滴 0.5% 的高锰酸钾溶液和 3 滴 5% 的碳酸钠溶液，轻轻振荡试管，并微热，观察现象。

（3）沉淀反应：

向第三支试管中加入饱和苦味酸，轻轻振荡，观察现象。

向第四支试管中加入 5 滴醋酸溶液，再加入 5 滴碘化汞钾，观察现象。

4.2.4 思考题

（1）为什么酸溶液选择盐酸，是否可以用硫酸，为什么？

（2）本实验为什么采取水蒸气蒸馏的方式？与普通蒸馏相比，水蒸气蒸馏具有哪些特点？

（3）采用水蒸气蒸馏，有哪些需要注意的地方？

[注释]

[1] 此步实验是成败的关键，一定要使溶液呈明显的碱性，否则在进行水蒸气蒸馏时会影响烟碱的蒸出。

[2] 在高锰酸钾等氧化剂的作用下，烟碱被氧化为烟碱酸。

4.3 从橘皮中提取果胶

4.3.1 实验目的

（1）了解果胶的一般性质及提取果胶的原理。

（2）掌握从橘皮中提取果胶的方法。

4.3.2 实验原理

果胶是一类植物胶，广泛存在于蔬菜和水果中。比如，南瓜中果胶的含量为7%～17%。果胶的主要成分为多聚 D- 半乳糖醛酸，各醛酸之间通过 α-1，4 糖苷键连接，部分链节如下：

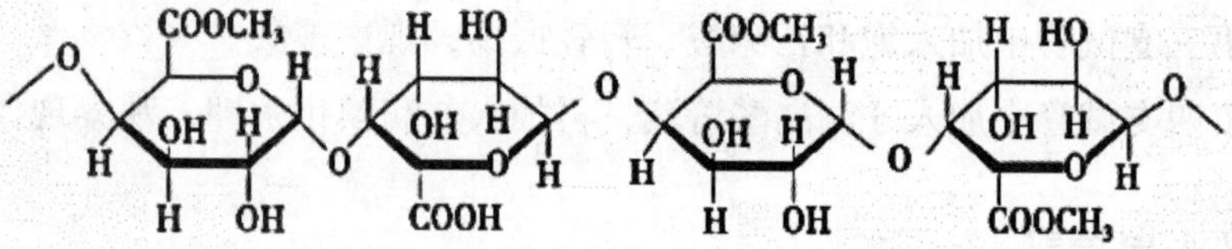

果胶通常以原果胶的形式存在于蔬菜与果实中。在原果胶中，聚半乳糖醛酸可被甲基部分酯化，并以金属离子桥与多聚半乳糖醛酸分子残基上的游离羧基连接，其结构如下：

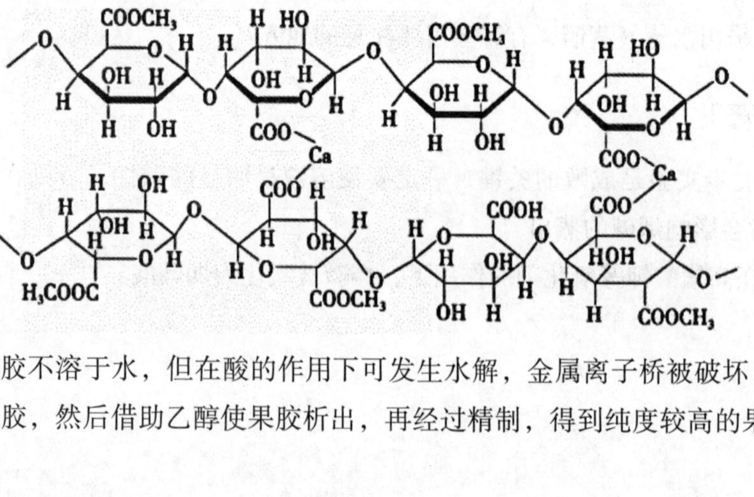

原果胶不溶于水，但在酸的作用下可发生水解，金属离子桥被破坏，形成可溶性的果胶，然后借助乙醇使果胶析出，再经过精制，得到纯度较高的果胶。

本实验以橘皮为原料，依据上述原理从橘皮中提取果胶。

4.3.3 实验步骤

1. 橘皮处理

称取 20 g 新鲜橘皮，用清水洗涤干净；另取一个 250 mL 的烧杯，加入 100 mL 水，加热至 90 ℃，将橘皮放到烧杯中，在 90 ℃保持 10 min，以此使橘皮内的酶失去活性。将果皮取出，清水洗涤后切成 3 ～ 5 mm 大小的颗粒，将颗粒放入 50 ℃左右的水中漂洗，直到果皮没有异味、水无色为止。

2. 盐酸萃取

将处理好的橘皮颗粒转移到烧杯中，加入 0.2 mol/L 的盐酸，加入的量以刚刚没过橘皮颗粒为宜，pH 值控制在 2 ～ 2.5。水浴加热 40 min，温度控制在 90 ℃，期间需要不断搅拌。加热结束后，趁热过滤（用 100 目垫有尼龙布的布氏漏斗），收集滤液。

3. 脱色

向收集的滤液中加入 0.5 % 的活性炭，加热到 80 ℃，脱色 20 min，除去色素，趁热过滤。[1]

4. 乙醇沉淀

待溶液冷却到室温后，用氨水调节溶液 pH 值，使溶液 pH 值为 3 ～ 4。粗略估计溶液的体积，然后按照 1 ～ 1.3 倍的量量取 95% 的乙醇，加到上述溶液中，边加边搅拌，搅匀，静置，10 min 后，抽滤（同样用 100 目垫有尼龙布的布氏漏斗），得到果胶。

用适量 95% 的乙醇洗涤果胶两次，抽干后将果胶转移到干净滤纸上吸去剩余乙醇，然后再将果胶转移到表面皿上，自然晾干。称重，计算产率。

4.3.4 思考题

（1）本实验选用乙醇作为果胶沉淀剂，除此之外，还有那些试剂可作为果胶的沉淀剂？

（2）影响果胶提取的因素有哪些？

（3）为什么要使橘皮内的酶失去活性？

［注释］

[1] 如果滤液颜色非常浅，说明第一步橘皮处理比较彻底，可以不进行此步的脱色处理；如果需要脱色处理，在抽滤时抽滤困难，可加入少许硅藻土作为助滤剂。

4.4　类胡萝卜素的提取

4.4.1 实验目的

（1）初步了解类胡萝卜素的一般性质。

（2）学习从胡萝卜中提取 β- 胡萝卜素的原理与方法。

（3）学习柱色谱的操作方法。

（4）学习薄层色谱分析的操作方法。

4.4.2 实验原理

类胡萝卜素是一类天然色素的总称，普遍存在于高等植物、藻类、动物的红色、黄色或橙红色的色素之中。最早，人们从胡萝卜中分离出天然色素，遂以“胡萝卜素”命名，后来又从其他植物中分离出一系列的天然色素，便统一将他们命名为“类胡萝卜素”。例如，胡萝卜中的 β- 胡萝卜素便是类胡萝卜素的一种，其分子结构如下：

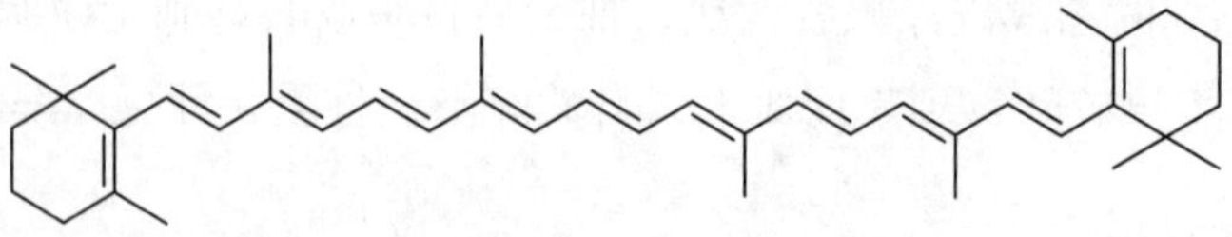

β- 胡萝卜素属于不饱和碳氢化合物，可溶于石油醚、乙醚、丙酮等有机溶剂，不溶于甲醇、乙醇。

本实验以胡萝卜为原料，依据 β- 胡萝卜素的一般性质，从胡萝卜中提取和分离 β- 胡萝卜素。

4.4.3 实验步骤

1. β- 胡萝卜素的提取

将新鲜胡萝卜洗净、切碎，称取 10 g 置于三角烧瓶中，量取 10 mL 丙酮倒入三角烧瓶中，萃取，然后将溶液转移至分液漏斗中，再用 10 mL 丙酮萃取一次，溶液同样转移到分液漏斗中。量取 10 mL 石油醚（bp 30 ℃ ~ 60 ℃），倒入三角烧瓶中，继续萃取胡萝卜，同样萃取两次，萃取液转移至分液漏斗中。量取 50 mL 饱和氯化钠溶液，加到分液漏斗中，振荡，静置分层，分去下层，上层溶液用蒸馏水洗涤，每次 50 mL，共洗涤两次。[1] 分去水层后，用无水硫酸钠干燥溶液，干燥后将溶液转移到 100 mL 的圆底烧瓶中，连接蒸馏装置，水浴加热，蒸去溶剂，得到固体。向得到的固体中加入 3 mL 石油醚（bp 60 ℃ ~ 90 ℃）和 1 g 硅胶，置于通风橱中抽干，得到黄色硅胶颗粒。

2. 柱色谱分离

柱色谱装置如图 4-2 所示。取一根 20 cm × 1 cm 的色谱柱，垂直固定，以三角烧瓶作为接收瓶。取少许脱脂棉置于色谱柱底部，轻轻挤压，在脱脂棉上铺一层海石砂，约 0.5 cm 厚，然后倒入石油醚（bp 60 ℃ ~ 90 ℃），直到其高度达到柱高的约 3/4 处（活塞一直处于关闭状态）。[2] 打开活塞，使石油醚流出，控制流速为每秒一滴。借助干净的漏斗向色谱柱内加入层析硅胶，一边填装，一边用洗耳球轻轻敲击柱身，使硅胶填装紧密，层析硅胶填装高度约为柱高的 3/4，填装完毕后，上面再铺上一层海石砂，同样为 0.5 cm 厚。[3] 上述操作过程中一直保持每秒一滴的流速，并注意液面不能低于砂子的上层，当液面下降至距离海石砂 1 cm 时，将上一步制得的黄色硅胶颗粒通过漏斗加到色谱柱中，随后用 0.5 mL 石油醚冲洗管壁的硅胶，如此连续 2 ～ 3 次，直至洗净。

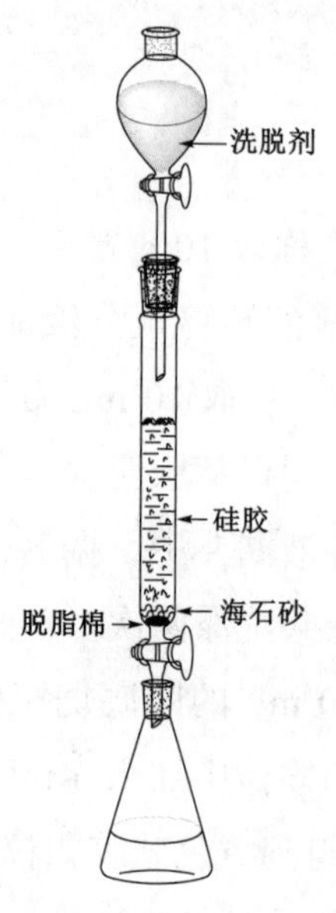

图 4–2　柱色谱装置

在色谱柱上安装滴液漏斗，加入石油醚（bp 60 ℃ ~ 90 ℃），以每秒一滴的流速洗脱，待黄色组分绝大部分洗出时，停止滴液，将洗脱液换成体积比为 1 ∶ 9 的丙酮 – 石油醚（bp 60 ℃ ~ 90 ℃）的混合溶液进行洗脱，同样控制流速为每秒一滴，此时可分出两个黄色组分。[4] 待色谱柱的物料全部洗脱出来（45 ～ 90 min），观察物料通过色谱柱移动的情况。用薄层色谱分析收集瓶中收集的洗出液。

3. 薄层色谱分析

（1）制板。称取 5 g 硅胶 G（G254），缓缓加到 12 mL 0.5% 的羧甲基纤维素钠水溶液中，一边加一边搅拌，使之呈糊状。取干净玻璃片数片，将其倒在玻璃片上，并使其均匀平整地铺在玻璃片上，晾干。

（2）活化。薄层板自然晾干后，再放到烘箱中活化，并进一步除去薄层板中的水分。

（3）点样。在距薄层板底端 1 cm 处，用铅笔画一条平行于底端的线，然后用毛细管取样，轻轻点在线上。样点的直径不宜超过 2 mm，如果样点颜色太浅，可在同一样点上重复点样，样点间的距离以 1 ～ 1.5 cm 为宜。[5]

（4）展开。待样点干燥后，取展开缸，缸内壁贴上一片环绕缸的滤纸（长度约为缸周长的4/5），倒入展开剂[体积为1 ：9的丙酮－石油醚（bp 60 ℃ ~ 90 ℃）的混合溶液]，液面高度约为 5 mm，盖上盖子，使展开缸被展开剂饱和数分钟。将薄层板至于展开缸中，带样点的一端朝下，注意样点不能浸泡在展开剂中，再次盖上盖子。[6] 待展开剂上升到距离薄层板上端 1 cm 处时取出，快速在展开剂上升的前沿做一个标记，晾干后，根据展开剂和样点上升的距离，计算 R_f 值。

（5）计算。R_f = 样点展开的距离 / 展开剂展开的距离。在展开条件相同的情况下，对于一种化合物而言，其 R_f 值是一个常数，所以可以将 R_f 值作为定性分析的依据。

4.4.4 思考题

（1）色谱柱中加入海石砂的作用是什么？

（2）为什么要用极性较大的溶剂洗脱极性较大的组分？

（3）在使用毛细管点样时，有哪些需要注意的地方？一根毛细管是否可以点多个样品？

（4）展开剂液面的高度为什么不能超过样点？展开剂展开的高度是否要严格控制在距离薄层板上端 1 cm 处？为什么？

（5）如果样点展开过程中出现了拖尾，可能是什么原因导致的？

[注释]

[1] 振荡过程中注意放气。

[2] 如果没有海石砂，也可用滤纸代替，滤纸的直径应略小于色谱柱的内径。

[3] 层析硅胶装填是否紧密影响分析的结果，因为色谱柱中的层析硅胶如果松紧不均，会导致显色不均。当然，也不能过分紧密，否则会影响流速，导致流速过慢。

[4] 体积比为 1 ：9 的丙酮－石油醚（bp 60 ℃ ~ 90 ℃）混合洗脱剂有助于使溶液中极性较大的组分移动。

[5] 样点太大容易导致拖尾，影响观察和计算。

[6] 在展开结束前，不能打开盖子。

4.5 从槐花米中提取芦丁

4.5.1 实验目的

（1）学习从槐花米中提取芦丁的原理与方法。

（2）巩固热过滤、重结晶等基本操作。

4.5.2 实验原理

黄酮类化合物泛指两个具有酚羟基的苯环通过中央三碳原子相互连接而成的一系列化合物。就黄色素而言，黄酮类化合物分子中都有一个酮式羟基，又显黄色，所以称为黄酮，其结构如下：

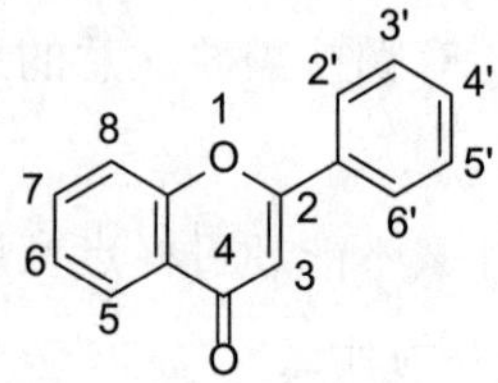

3'
2'
4'
8
1
5'
7
2
6'
4
6
3
5
O

芦丁属于黄酮类化合物，是黄酮苷，其结构如下：

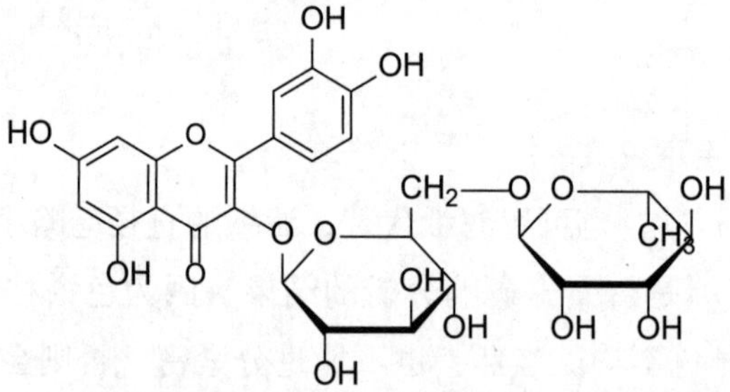

OH
OH
HO
CH_2—O
OH
CH_3
O
OH
O
OH
OH
OH
OH
OH

芦丁具有调节毛细血管渗透性的作用，在临床上常用作毛细血管止血药。芦丁存在于一些植物中，其中尤以槐花米中含量最高，含 12% ～ 16%。本实验便是以槐花米为原料，从槐花米中提取芦丁。

4.5.3 实验步骤

1. 芦丁粗产物提取

称取 3 g 槐花米，用研钵研细，转移至 50 mL 烧杯中，量取 30 mL 饱和石灰水溶液，加到烧杯中，加热煮沸，大约需要 15 min（煮沸过程中不断搅拌）。[1] 停止加热，待溶液冷却到室温后，抽滤，滤渣加入 20 mL 饱和石灰水，继续煮沸 10 min，抽滤，将两次得到的滤液合并。滴加 15% 的盐酸溶液，使溶液 pH 值为 3 ～ 4，然后室温下放置 1 ～ 2 h，使沉淀完全，过滤，用少量水洗涤，得到芦丁粗产物。

2. 芦丁粗产物纯化

将芦丁粗产物转移到 50 mL 烧杯中，量取 30 mL 水加到烧杯中，加热至沸腾，在不断搅拌的状态下，缓慢加入 10 mL 饱和石灰水溶液，使溶液 pH 值为 8 ～ 9，待溶液中的沉淀溶解后，趁热过滤，滤液转移至 50 mL 烧杯中，滴加 15% 的盐酸溶液，使溶液 pH 值为 4 ～ 5，然后室温下放置约 30 min。[2] 待结晶析出完全，抽滤，少量水洗涤，烘干，得到纯度较高的芦丁，称重，计算产率。

纯芦丁为浅黄色针状晶体，熔点为 214 ℃～ 215 ℃。

4.5.4 思考题

（1）为什么可以用氢氧化钙提取芦丁？

（2）为什么两次用盐酸调节的 pH 值不同？

（3）可以采取什么方法鉴别芦丁？

[注释]

[1] 加入饱和石灰水溶液的目的有两个：一是溶解、提取芦丁；二是去除槐花米中的多糖黏液质。

[2] 至于控制溶液 pH 值，不要使溶液 pH 值低于 4，否则会使芦丁形成盐，难以析出，从而影响产率。

4.6 从红辣椒中分离红色素

4.6.1 实验目的

（1）了解辣椒中含有的红色素。

（2）学习从辣椒中分离红色素的方法。

（3）巩固柱色谱与薄层色谱的操作方法。

4.6.2 实验原理

茄科类植物辣椒的果实——辣椒中含有多种天然色素，其中呈红色的色素主要为辣椒红色素和辣椒玉红素，两者含量最高，占 50% ～ 60%；呈黄色的色素为 β- 胡萝卜素，含量相对较小。

辣椒红色素作为一种天然色素，被广泛用于食品、化妆、保健药品等行业。

辣椒红色素的结构式：

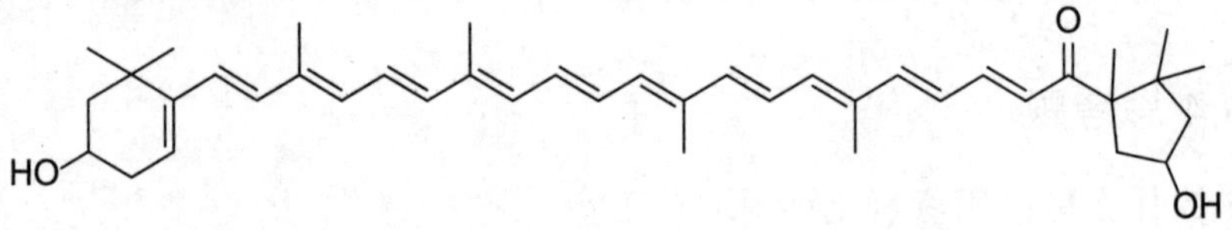

辣椒玉红素的结构式：

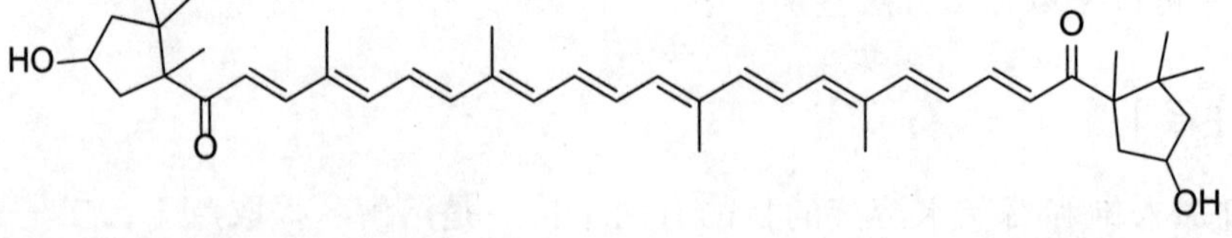

辣椒中的红色素可通过层析法进行分离。

本实验以红辣椒为原料，以二氯甲烷作为萃取剂，从红辣椒中萃取红色素，然后通过层析法加以分离。

4.6.3 实验步骤

1. 红色素萃取

将干辣椒剪碎、研细，称取 1.5 g 加到 50 mL 圆底烧瓶中，量取 15 mL 二氯甲烷加到烧瓶中，加入几粒沸石，水浴加热，回流约 30 min。回流结束后，停止加热，待溶液降温至室温，抽滤，滤饼用少量二氯甲烷洗涤，滤液转移至 50 mL 烧瓶中，安装蒸馏装置，水浴加热（70 ℃ ~ 80 ℃），回收溶剂。[1] 当烧瓶中剩余少量溶液时即可停止加热，将残液转移到蒸发皿上，水蒸气加热浓缩，得到红色物质。[2]

2. 柱色谱分离

（1）装柱。取一根 30 cm × 1.5 cm 的层析柱，底部放上一小块脱脂棉，轻轻挤压，再铺上一层海石砂（0.5 cm 厚），缓慢填装 10 g 层析硅胶，填装过程中用洗耳球轻轻敲击柱身，使硅胶填实。[3]

（2）拌样。称取 0.2 g 层析硅胶置于蒸发皿上，将上一步得到的红色素浓缩液转移到蒸发皿上（剩余一部分混合样品鉴定用），与层析硅胶搅拌均匀。

（3）上样。将样品转移到层析柱顶部，轻轻敲打柱身，使样品带薄厚均匀，然后在样品带上铺上一层薄砂和一小块脱脂棉。[4]

（4）分离。通过滴液漏斗向层析柱中滴加二氯甲烷（洗脱剂）进行洗脱，用试管分段接收洗脱液，每段收集 2 mL。用薄层层析法检验各段洗脱液，将相同组分的接收液合并，用旋转蒸发仪蒸发浓缩，收集红色素。

3. 薄层色谱分析

取三个硅胶薄层板，在距离底端 1 cm 处用铅笔画一条线，用毛细管在线上点样：每个薄层板点两个样，一个为浓缩得到的混合样品，另一个分别为上一步得到的第一、二、三色带。用体积为 1 ∶ 3 的石油醚 - 二氯甲烷混合液或石油醚 - 丙酮混合液作为展开剂。展开完毕后，记录下各样点移动的距离与展开剂的距离，计算 R_f 值，然后根据标准品的 R_f 值确定各色带为哪种红色素。

4.6.4 思考题

（1）进行薄层色谱和柱色谱操作时，有哪些需要注意的地方？

（2）如果硅胶薄层板失去活性，会对实验产生什么影响？

（3）如果展开过程中出现拖尾现象，可能是什么原因造成的？会对结果产生什么影响？

［注释］

[1] 此处也可以用旋转蒸发仪回收溶剂。

[2] 此处的红色物质为红色素的混合物。

[3] 可通过漏斗装填。

[4] 薄砂和脱脂棉起到保护样品带的作用。

第 5 章　有机化学实验技术

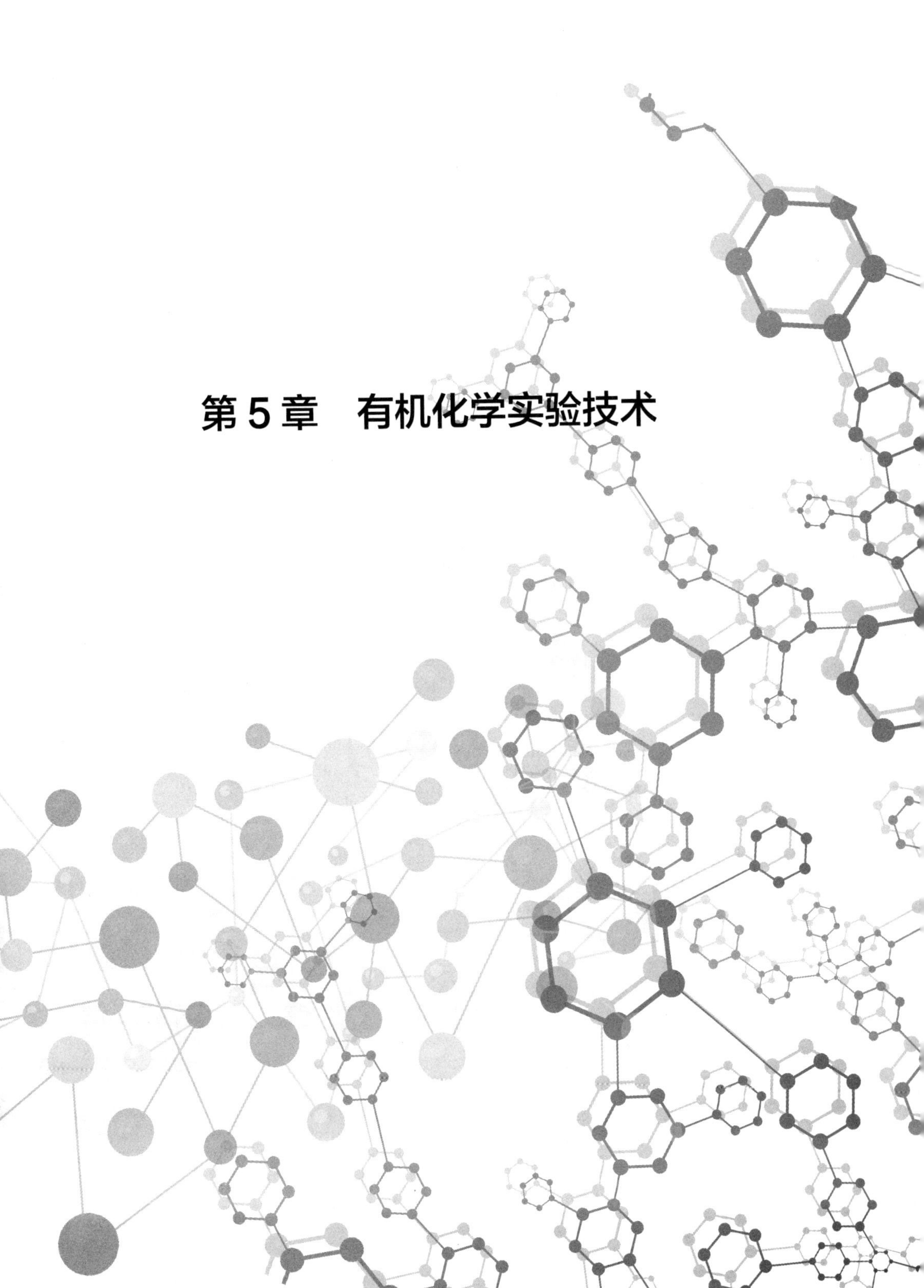

5.1　无水无氧操作技术

5.1.1 惰性气体保护法

所谓惰性气体保护法，就是在氮气、氦气等惰性气体的保护下进行实验，其中氮气是一种常用的惰性气体。在使用氮气作为保护气体时，为了保证氮气中不含水分，在导入前可以对氮气进行干燥处理。图 5-1 是一种简易的氮气保护装置。

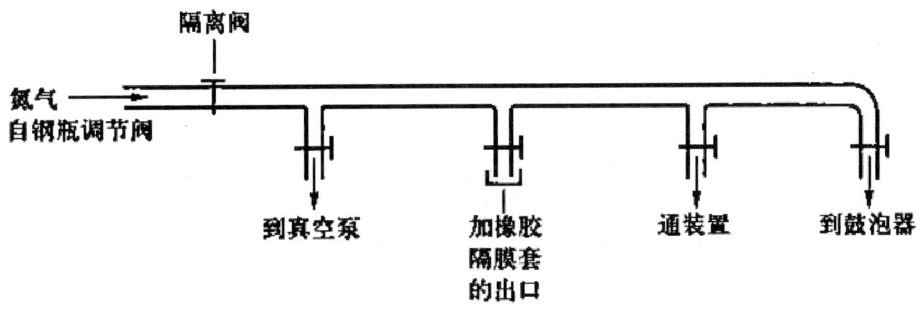

图 5-1　简易的氮气保护装置

将干燥的仪器装置与氮气保护装置的支管相连，关闭氮气隔离阀，打开支管上的真空系统旋塞，将装置抽至真空状态。如果器壁上残留微量的水分与空气，可使用电吹风进行烘烤。待仪器冷却后，关闭真空系统旋塞，打开连接氮气的旋塞，向系统内充入氮气，然后再抽真空，如此重复三次，得到氮气保护气氛，最后在氮气的保护下进行实验。在上述过程中，鼓泡器要持续鼓泡，以保证系统在整个实验过程中都处于正压状态。

另外，还有一种双排管式的惰性气体保护装置（图 5-2），与单排管相比，其特点是每个接头都是独立的，可分别进行抽真空和充氮气操作。

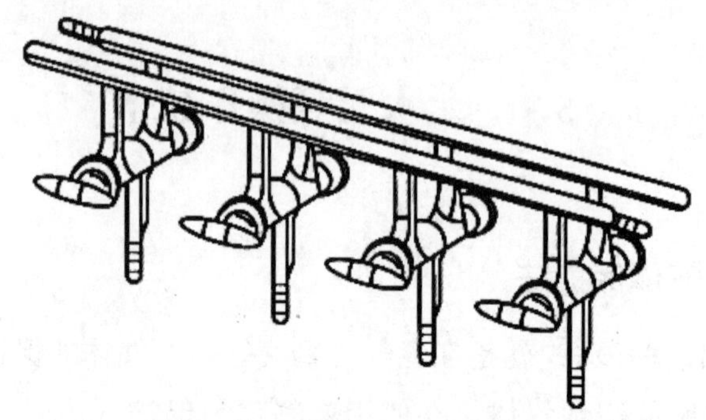

图 5-2　双排管式惰性气体保护装置

5.1.2 试剂和溶剂的处理

除了外部环境，反应所用的试剂和溶剂也可能含有水分或氧气，对于对氧气和水分敏感的化学反应而言，试剂或溶剂中含有的水分和氧气也会对其造成影响，所以在化学反应之前，需要对试剂和溶剂进行脱水和除氧处理。

脱水处理可采用活性分子筛，即在试剂使用前的 1 ～ 2 d 将活性分子筛加到试剂中。活性分子筛使用前需要活化，活化方式如下：先在 320 ℃的环境中加热 3 h，然后置于真空干燥器中冷却，冷却后通入氮气，使系统恢复大气压。

对于溶剂中的氧气，可利用带有长注射针头的注射器向溶剂中注射氮气，因为储存溶剂的瓶口上有橡胶隔膜套，所以可以在它上面再插入一只短的注射针头，其作用是将瓶内的氧气驱赶出来。在驱赶氧气之后，将注射针头拔除备用，当需要使用溶剂时，可再次用注射器从盛有溶剂的瓶中提取溶剂。

有些化学反应对水分和氧气非常敏感，即便是微量的水和氧气也会对化学反应产生影响，针对此类化学反应，可采用下述方法处理溶剂：

将仪器洗净烘干后按照图 5-3 安装。将纯净的氮气通过 A 口充入，经过 B，D，E 后放出，当系统内的空气被全部排出后，关闭旋塞 A，改从 F 口通入细微量的氮气，经鼓泡器后放出，使整个系统保持常规的静态氮气压力。暂时移开旋塞 A，将经预先粗干燥过的溶剂加入蒸馏瓶，再加入适量的干燥剂。在 1 L 四氢呋喃中，加入约 25 g 二苯甲酮和 6 g 金属钠。装上旋塞 A 后，将溶剂加热回流。当溶剂中的水分和氧气被除尽后，二苯甲酮被金属钠还原为自由基中间体，显示出持久的蓝紫色。继续回流片刻，除去从接收器和冷凝器表面所带下的痕量水

汽。关闭旋塞B，让接收器慢慢积聚溶剂至一定量，用注射器从旋塞C抽出溶剂。用一根细不锈钢空心针管穿过旋塞 C 上的胶塞和旋塞孔插入接收器底部，另一端插入储存器，储存器的胶塞上插一根放空针头，关闭旋塞 E 后，随着系统内氮气压力的增加，溶剂即被压入储存器中。如继续加入上述溶剂处理，应检查蒸馏瓶中是否有足够的活性干燥剂。如果回流后不出现蓝紫色，应酌情补加二苯甲酮和金属钠。蒸馏结束后，关闭热源和冷水，关闭系统中各旋塞及氮气，使系统在无水无氧状态下封闭，供下次实验使用。如果蒸馏瓶中存在较多高沸点物不易蒸馏，可将其取下，更换一个已经烘干的烧瓶。

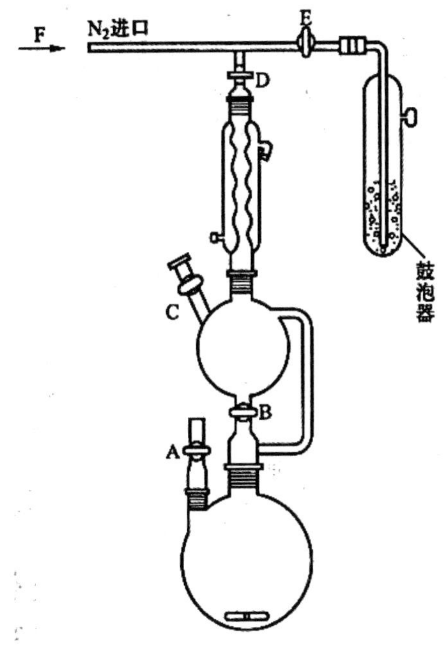

图 5-3　溶剂处理装置图

5.1.3 溶液的转移与反应装置

1. 液体的转移

在实验室中，经常使用注射器与橡胶隔膜套来转移对空气敏感的液体化合物。在选择注射器时，应根据需要转移溶液的体积选择大小适宜的注射器，针头应足够长，针管具有弹性。为了确保注射器无水无氧，在使用前应将其拆开并置于 120 ℃的烘箱中干燥 3 ～ 4 h，然后趁热组装好，转移至干燥器中冷却，最后用氮气排出干燥器中的空气。

将处理好的注射器针头插入氮气导管的备用橡胶隔膜套（图 5-1），慢慢抽出活塞至注射筒最大刻度，拔出针头，推压活塞排出筒中的气体，如此重复 2 ～ 3 次，最后再插入隔膜套中抽取大半筒氮气，即可用来转移液体。当从备用橡胶隔膜套封口的试剂瓶中转移液体到反应瓶时，应将注射器的长针插入瓶内液体下面，以免抽取样品后造成负压而使空气漏入。再用注射器针头通过橡胶隔膜套向瓶内通入氮气，造成瓶内正压。慢慢抽动活塞，吸入比需要量稍多的液体。提起针头到液面以上，小心地提升注射器至垂直位置，仔细挤压活塞，得到所需体积的液体，拔出针头，通过橡胶隔膜套将液体转移至反应瓶或滴液漏斗内（图 5-4）。

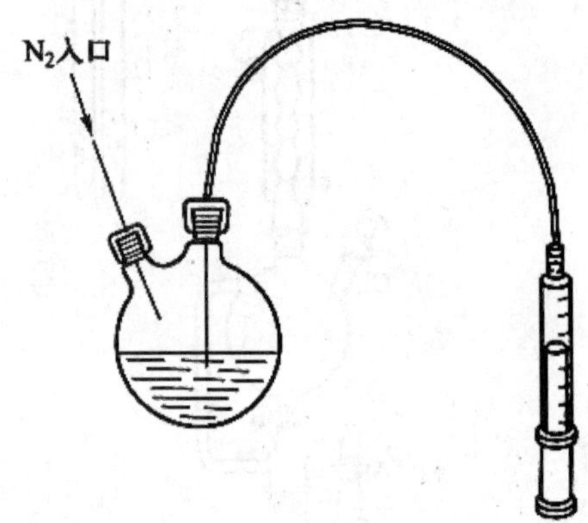

图 5-4　液体转移示意图

2. 反应装置

实验室中常用的一种无水反应装置如图 5-5 所示，反应装置所用仪器在使用前需要进行无水无氧处理，处理方法如下：在 120 ℃烘箱中干燥 4 h，然后置于干燥器中冷却。待仪器冷却后，按照图 5-5 组装好实验装置，打开恒压滴液漏斗上的旋塞，在其顶口的橡胶隔膜套上插入注射针头，作为氮气的出口，打开冷凝管上的二通旋塞，小心调节和转换用真空橡胶管连接的三通旋塞，重复抽真空充氮 2 ～ 3 次，使反应体系中的空气被完全排除，并确保反应体系始终在平稳的氮气流下进行。

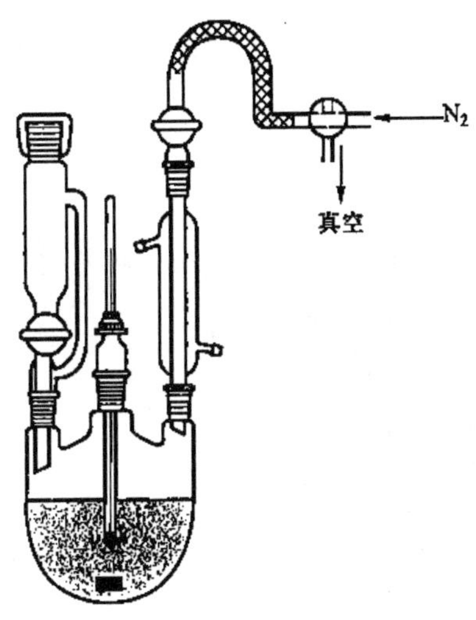

图 5-5 无水无氧反应装置

5.1.4 固体加料

固体加料装置如图 5-6 所示，在氮气的保护下将称量好的反应物转移至圆底烧瓶中，用弯管与反应瓶连接，每次加料时将弯管旋转 90° ～ 180° ，并用橡胶棒轻轻敲击圆底烧瓶，使固体落入反应瓶中参与反应。

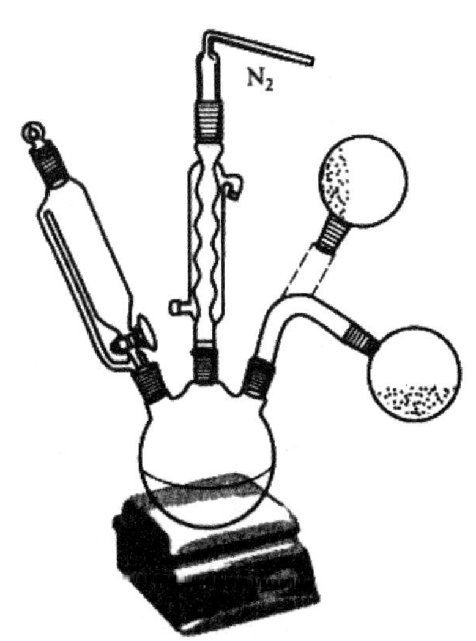

图 5-6 固体加料装置

5.1.5 手套箱

1. 手套箱关键部位

手套箱是将高纯惰性气体充入箱体内，并循环过滤掉其中的活性物质的实验室设备，目前广泛应用于无氧、无水、无尘等超纯环境中。

手套箱主要由下述几个关键部分组成：

（1）箱体。箱体是该设备的主要工作区域，带有一双手套，前窗为透明玻璃，实验人员通过手套进行操作。

（2）过渡舱。手套箱的右侧有一个封闭的仓体，其作用是使物品进入箱体或拿出箱体而不影响箱体的超纯环境。过渡舱上有两个门，一个门只能从外面打开，一个门只能从里面打开。过渡舱可以用氮气充满或用泵抽成真空。

（3）压差计。压差计用于控制箱体内的压力：当箱内压力过大时，控制器会自动控制压力释放；当箱内压力过低时，控制器会自动控制抽空或充氮，从而提高压力。

（4）踏控板。实验人员可通过踏控板调节箱内的压力。

（5）干燥线。干燥线是手套箱的纯化系统，包括脱氧柱和干燥塔。虽然目前市售的惰性气体（主要为氮气和氩气）纯度很高，但仍旧含有极少量的氧气或水汽，而且通过手套和封口会漏进极少量的氧气和水汽，这无疑会对箱内的超纯环境产生影响，所以通过一个纯化系统对惰性气体进行循环干燥和除氧是非常有必要的，这便是干燥线的主要作用。

1. 手套箱的操作

（1）将物品拿进手套箱

将物品拿进手套箱的操作步骤如下：

① 关闭过渡舱的真空阀，打开氮气阀，待压力达到一个大气压，关闭氮气阀。

② 确认过渡舱内侧的门是关闭的，打开外侧门，将物品放进过渡舱，关闭外侧门。

③ 打开过渡舱真空阀，抽真空，10 min 后，关闭真空阀，打开氮气阀，充入氮气，当达到一个大气压后，再次抽真空。

④ 5 min 之后，重复上述操作一次。

⑤ 关闭过渡舱真空阀，充入氮气，待达到一个大气压后，关闭氮气阀，打开过渡舱内侧门，将物品拿进箱内。

（2）将物品拿出手套箱

① 打开过渡舱内侧门，将物品放入过渡舱，关闭内侧门。

② 确认过渡舱内的压力，如果与外界压力相同，可直接打开外侧门，将物品从箱内取出，如果与外界压力不同，则需要先使内外压力平衡，再打开外侧门。

需要注意的是，并不是所有试剂都能够在手套箱中操作，一些挥发性试剂和配位能力非常强的化合物就不能在手套箱中使用。另外，为了使所有人都能够操作手套箱，手套箱的手套通常是大码的，这样不可避免地会降低手操作的灵活性，所以要学会适应佩戴大码手套进行实验操作。

5.1.6 史兰克线（Schlenk line）

1. 基本原理

史兰克线是一套惰性气体的净化及操作系统，由鼓泡器、干燥柱、除氧柱、钠－钾合金管、双排管等部件组成（图 5–7）。通过史兰克线，可以使惰性气体除去氧气和水分，并在无水无氧的环境下进行反应。

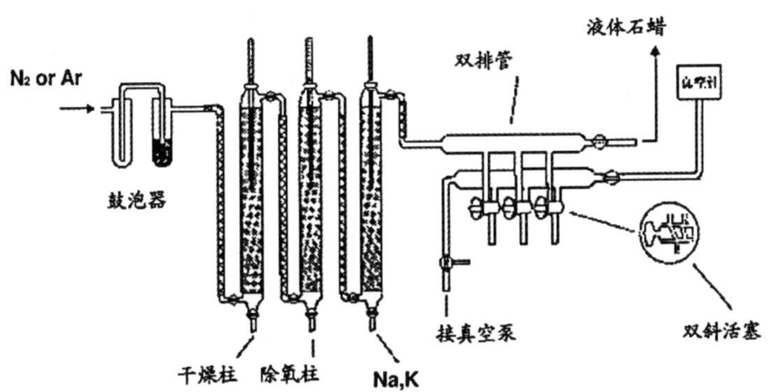

图 5–7　史兰克线

惰性气体在一定的压力下由鼓泡器进入干燥柱，初步除去惰性气体中的水分，然后进入除氧柱除去气体中的氧气，再通过钠－钾合金管进一步除去残留的氧气和水分，最后进入双排管。

2. 史兰克线操作

在进行无水、无氧操作之前，要先对干燥柱、除氧柱和钠－钾合金管进行活化，活化方法如下：

（1）干燥柱的活化：干燥柱通常选择5A分子筛作为干燥剂，在60 cm×3 cm的玻璃珠中，填装5A分子筛，在玻璃柱上端插入温度计（量程为400 ℃），柱外缠绕500 W的电热丝，再罩上60 cm×6 cm的玻璃套管。玻璃柱的下端连接三通，分别与惰性气体、真空泵相连。在320 ℃～350 ℃、1.33 kPa（10 mmHg）条件下活化10 h。活化结束后，导入惰性气体，自然冷却至室温，然后关闭惰性气体旋塞，接入系统。

（2）除氧柱活化：除氧柱通常选用银分子筛作为除氧剂，在60 cm×3 cm的玻璃珠中，装填银分子筛，在玻璃柱上端插入温度计（量程为400 ℃），柱外缠绕300 W的电热丝，再罩上60 cm×6 cm的玻璃套管。从玻璃柱下端通入氢气，上端通向室外，排出尾气，加热至90 ℃～100 ℃，活化10 h（如果在活化过程中玻璃管中产生了水，可通过下端的导管放出）。当观察到银分子筛变黑后，停止加热，继续通入氢气，自然冷却至室温后，停止通氢气，将玻璃柱接入系统。

（3）钠－钾合金管活化：钠－钾合金管上端为50 cm×2 cm，下端为15 cm×5 cm。上端侧管连三通，并分别与惰性气体和真空泵相接。先抽真空并用电吹风烘烤后，自然冷却至室温，充入惰性气体，抽换气操作重复三次。从上端加入15 g钠和45 g钾（全部切碎），然后加入适量石蜡覆盖。下端加热，使钠和钾融化，冷却，形成钠－钾合金，接入系统。

经过上述处理后，便可进行无水无氧操作。

将要求除水除氧的仪器通过带旋塞的导管，与无水无氧操作线上的双排管相连以便抽换气。在该仪器的支口处接上液封管以便放空，同时保持仪器内惰性气体为正压，使空气不能入内。关闭支口处的液封管，旋转双排管的双斜旋塞使体系与真空管相连。抽真空，用电吹风或煤气灯烘烤待处理系统各部分，以除去系统内的空气及内壁附着的潮气。烘烤完毕，待仪器冷却后，打开惰性气体阀，旋转双排管上双斜三通，使待处理系统与惰性气体管路相通。重复处理三次，即抽换气完毕。

5.2　色谱技术

5.2.1 薄层色谱

1. 薄层色谱的用途

薄层色谱也叫层析色谱，是有机化学中非常灵活的一种分离技术，具有快速、微量、操作简便等优点。在实验室中，薄层色谱有如下几种用途。

（1）鉴定：在一定条件下，化合物具有固定的 R_f 值，所以可根据计算得到的 R_f 值对样品进行鉴定。

（2）纯度检验：根据斑点出现的情况，可以判断样品是否含有杂质，如果只有一个斑点，可认为该样品的纯度达 99.9% 以上。

（3）判断化学反应：有些化学反应需要判断最佳的反应条件，如时间，如果时间过短，则反应不完全；反应时间过长，则可能产生副产物。通过薄层色谱分析，可以判断反应的情况，从而确定最佳的反应条件。

（4）柱色谱先导：可利用薄层色谱为柱色谱选择适宜的洗脱剂和吸附剂。

（5）确定相对含量：可根据斑点的大小与深浅粗略估计几个组分的相对含量。

（6）确定样品组分：根据斑点的数量判断样品中含有几个组分。

2. 薄层色谱仪器与试剂

（1）薄层板。薄层板所用的薄板有玻璃板、塑料板和铝箔，其规格不同，但一般最大不超过 20 cm × 20 cm。薄层板要求表面平整、吸附剂厚度均匀，且具有一定的机械强度，所以玻璃板更为常用。

（2）展开缸。展开缸多为玻璃制成，带有严密的盖子，缸体光滑，便于观察。展开缸也有多种规格，应根据薄层板的大小及实验需求选择合适的展开缸。

（3）吸附剂。薄层色谱常用的吸附剂有硅胶 G、硅胶 GF254、硅胶 H、硅胶 HF254、氧化铝等几种，硅胶颗粒直径要求在 10 ～ 40 μm。

（4）展开剂。在薄层色谱中，流动相通常称为展开剂。展开剂的选择一般情况下是根据被分离物质的极性而定的：若被分离物质的极性大，则应选择极性大的溶剂作为展开剂；若被分离物质的极性小，则选择极性小的溶剂作为展开剂。

一般情况下，单一溶剂不能起到很好的分离效果，所以常采用两种或几种溶液混合作为展开剂。

理想的展开剂不与样品各组分发生化学反应，黏度较小，沸点适中，展开后的斑点圆且集中，且待测组分的 R_f 值在 0.2 ～ 0.8。在选择展开剂时，可更具样品组分选择单一的组分，如果分离斑点的 R_f 值大于 0.8 或小于 0.2，可加入适量极性相反的溶剂，使 R_f 值处于 0.2 ～ 0.8。

3. **薄层色谱操作**

（1）制板。薄层板的质量在很大程度上影响着实验的结果。薄层板可直接从市场上购买，也可以购买原料自己制作。

薄层板制作的方法有两种：倾斜法和平铺法。

①倾斜法：按照每克硅胶 G 加入 2~3 mL 蒸馏水（或每克氧化铝加入 1~2 mL 蒸馏水）的比例，将硅胶调成糊状，然后舀出适量，倾倒在干净的玻璃片上，分别用左右手的拇指与食指拿住玻璃片，轻轻摇晃，使硅胶均匀地铺在玻璃片上，硅胶表面应平整，不能有凸起和凹陷。铺好硅胶后，水平放置，自然晾干，然后放入烘箱中，缓慢升温至 110 ℃，恒温后活化 30 min，取出，放到干燥器中备用。

②平铺法：平铺法可借助涂布器将硅胶平整地铺于玻璃片上。如果没有涂布器，也可以在玻璃棒、玻璃片两端加上皮套，然后从左向右（注意总是同一方向）刮平，注意硅胶的厚度，不能太薄，也不能太厚。硅胶铺完后，处理方式同上。

（2）点样。在距薄层板底端 1 cm 处用铅笔画一条平行线，用毛细管吸取少量样品，在线上轻轻点样，如果一次点样的量不够，可稍等片刻，待样点上的溶剂挥发后，再在原点上重复点样，注意样点的直径不能超过 2 mm。

（3）展开。将配置好的展开剂加到展开缸中，液面高度约为 5 mm，盖上盖子，使展开缸被展开剂饱和数分钟。将点好样品的薄层板放入缸内，带有样点的一端朝下，注意展开剂页面不能没过样点，盖好盖子。当展开剂上升到距离薄层板上端 1 cm 处时，打开盖子，将薄层板取出，用铅笔标记上展开剂上升的位置，自然晾干（或处于通风处晾干）。

（4）显色。有些样品自带颜色，可直接观察到斑点的位置；但有些样品不带颜色，此时可采取紫外灯照射、喷显色剂（一些常见的显色剂和被检测物质如表 5-1 所示）、碘熏等方式，使斑点显色。

表 5-1　一些常见的显色剂和被检测物质

显色剂	配置方法	可被检测的物质
硝酸铈铵	6% 硝酸铈铵的 2 mol/L 硝酸溶液	醇类
浓硫酸	98% 浓硫酸溶液	多数有机溶剂在加热后斑点显黑色
二甲氨基苯胺	1.5 g 二甲氨基苯胺溶于 25 mL 甲醇、25 mL 水及 1 mL 乙酸组成的混合溶液中	过氧化物
2,4- 二硝基苯肼	0.4% 2,4- 二硝基苯肼的 2 mol/L 盐酸溶液	醛类
溴酚蓝	0.05% 溴酚蓝的乙醇溶液	有机酸

（5）计算 R_f 值。R_f= 样点展开的距离 / 展开剂展开的距离。

在展开条件相同的情况下，对于一种化合物而言，其 R_f 值是一个常数，所以可以将 R_f 值作为定性分析的依据。

5.2.2 柱色谱

柱色谱是色谱技术中的一种，利用柱色谱可以将混合物各组分分离开来。依据柱色谱作用的原理不同，可以将柱色谱分为吸附柱色谱、离子交换色谱、分配柱色谱，其中吸附柱色谱的应用最为广泛。下面对吸附柱色谱做简要介绍。

1. 吸附柱色谱仪器与试剂

（1）色谱柱。色谱柱为下部带有旋塞的玻璃管或塑料管，目前玻璃管较为常见，但因为塑料管具有使用方便、节省洗脱剂等优点，其使用日趋广泛。色谱柱的旋塞最好选择聚四氯乙烯材料制成的，这样可以不涂抹真空油脂，从而避免污染分离出的样品。如果选择的是普通的玻璃材质，则使用前应涂抹真空油脂，且涂抹要薄且均匀。

（2）吸附剂。柱色谱中常用硅胶或氧化铝作为吸附剂，其用量依据被分离样品的性质和量而定，如果样品较易分离，则通常吸附剂的用量为被分离物质的 30 ～ 50 倍；如果被分离样品不易分离，则吸附剂的用量可增加到 100 倍以上。柱色谱吸附剂的粒度，一般硅胶为 60 ～ 100 目，氧化铝为 100 ～ 150 目。

选择吸附剂时，应综合考虑吸附剂的粒度、活性、酸碱度等。

①硅胶：常用的吸附剂，适用于很多化合物。

②氧化铝：呈中性或碱性，适用于较易分离的混合物，也可用于胺类化合物的纯化。

③硅酸镁：呈中性，200 目的硅酸镁可用于分离较易分离的混合物，大于 200 目的可用于过滤纯化。需要注意的是，有些化合物会吸附在硅酸镁上，所以在用硅酸镁作为吸附剂时要提前进行检验。

（3）洗脱剂。柱色谱中的流动相称为洗脱剂，也称为淋洗剂。洗脱剂极性大小及其对待分离物质的溶解度是洗脱剂选择的一个重要参考依据。表 5-2 列出了一些常见溶剂极性的大小，可作为展开剂选择时的一个参考。

表 5-2　常见溶剂的极性

溶　剂	极　性
水	10.2
乙二醇	6.9
甲醇	6.6
苯胺	6.3
乙酸	6.2
丙酮	5.4
氯仿	4.4
乙酸乙酯	4.3
丙醇	4
二氯甲烷	3.4
苯	3
四氯化碳	1.6
石油醚	0.01

除了考虑溶剂的极性外，还需要考虑以下问题：

（1）溶剂的毒性。

（2）溶剂的沸点、是否利于回收。

（3）溶剂是否与待分离物质发生化学反应。

（4）溶剂的价格、是否易得。

2. 吸附柱色谱操作

（1）装柱。装柱分为干法装柱和湿法装柱两种，无论采取哪种方法，在装柱前都需要在柱底部铺上一小块脱脂棉，然后铺上一层石英砂（约 5 mm 厚）。

①干法装柱：将色谱柱垂直固定，打开活塞，通过漏斗将吸附剂缓慢加到色谱柱中，装填过程中间歇性地用洗耳球轻轻敲击柱身，使吸附剂填充均匀。加入洗脱剂，使吸附剂湿润，并赶出色谱柱中的气体（可用洗耳球空气加压）。该方法的缺点是容易在色谱柱内产生气泡，从而影响分离的效果。

②湿法装柱：将需要装填的吸附剂与适量的洗脱剂混合到一起，调成浆状，然后缓慢加到色谱柱中（装填过程中避免产生气泡）。打开旋塞，从色谱柱的顶端加入一定量的洗脱剂，使吸附剂随洗脱剂下沉，最后形成紧密均匀的吸附剂柱。

（2）加样

加样同样有干法和湿法两种：

①干法加样：将待分离的样品溶于少量溶剂中，然后加入吸附剂，搅拌均匀，加热蒸干溶剂，将混合物加到色谱柱中。该方法操作较为简便，但不适用于对热敏感的物质。

②湿法加样：将待分离的样品溶于少量溶剂中，用长滴管将样品均匀滴加到石英砂上层，并缓慢渗透到填充剂的上层，注意加料时滴管不能碰到石英砂。溶液加完后，小心地开启柱下活塞，加一点压力，压出液体至溶液液面降至石英砂层，关闭活塞。用少许（1 mL 左右）溶剂冲洗柱内壁（同样不可冲动石英砂），再放出液体至液面降到石英砂层。反复冲洗柱内壁，直至溶剂无色。加样操作的关键是要避免样品溶液被稀释。

（3）洗脱

选择适宜的洗脱剂，从色谱柱顶端不断加入洗脱剂，加洗脱剂的过程中要注意控制洗脱剂滴出的速度。流速太慢，耗费时间太长；流速太快，影响分离效果。随着洗脱的进行，各组分被逐渐分离出来，先后从色谱柱中流出。分段收集洗脱液，并对不同组分的洗脱液进行定性分析。

5.2.3 气相色谱

1. 气相色谱构造

气相色谱是指在色谱的两相中，用气体作为流动相，而根据固定相的状态不同，气相色谱可分为气 - 固色谱和气 - 液色谱两类。

实验室中常用的气相色谱仪主要由色谱柱、检测器、气流控制系统、温度控制系统、进样系统和信号记录系统等组成，具体如图 5-8 所示。

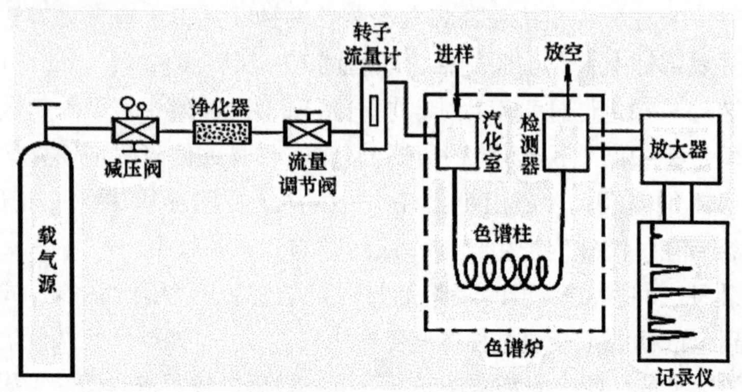

图 5-8　气相色谱仪示意图

2. 气相色谱工作原理

不同的物质具有不同的极性、沸点与吸附性质，气相色谱便是利用不同物质之间性质的差异，将它们分离开来，然后利用检测器对不同的物质进行检测，其过程如图 5-9 所示。

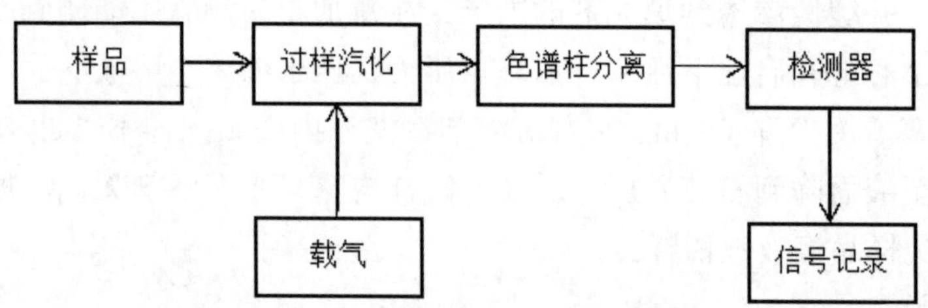

图 5-9　气相色谱工作流程示意图

当样品加到仪器内，在汽化室被汽化之后，随载气进入色谱柱，色谱柱内含有固态或液体的固定相，当汽化的样品通过色谱柱时，由于样品中不同组分的性质不同，其流出色谱柱的时间也不同，当组分从色谱柱中流出之后，进入检测器，检测器将检测结果以色谱图的形式呈现出来。

3. 气相色谱操作

气相色谱操作步骤如下：

（1）确认电源与加热开关全部处于关闭的状态，其他开关的旋钮在反时针位置。

（2）打开载气开关，调节进气流为 25 psi，然后关闭出气口与进气钢瓶的开关，观察压力表读数是否有变化，如果没有变化，说明系统不漏气，可进行下一步操作；如果有变化，则说明漏气，需要找到原因，解决问题后再继续操作。

（3）打开载气开关，调节进气流为 10 psi，用皂膜流量计测量流速。

（4）打开总电源开关，打开注射加热器，调节温度，并使衰减器旋钮处于无限大的位置。

（5）打开记录仪开关，使基线回零并稳定，期间可以准备样品。

（6）通过调节衰减器并使用色谱控制来使其归零，让衰减器位置在最大灵敏度时重复这样的归零过程。当温度稳定后，就会得到一条很直的基线。

（7）主色样品，观察图谱，如果图谱中显示的峰值太低，可调节衰减器，使其数值增大，得到易于观察的峰值。

（8）实验结束后，关闭电源，载气暂不关闭，直到色谱柱温度降到 90 ℃以下再关闭，清洁注射器。

5.2.4 高效液相色谱

1. 高效液相色谱分类及其原理

高效液相色谱以液体为流动相，通过高压输液系统，将样品输送到色谱柱内。在色谱柱内，不同的物质被分离开来，先后进入检测器，从而实现对样品的分析。

根据分离机制的不同，高效液相色谱可分为液 – 液分配色谱法、液 – 固吸附色谱法、离子交换色谱法、离子色谱法和空间排阻色谱法等。

（1）液 – 液分配色谱法。液 – 液分配色谱的固定相和流动相都是液态的，其依据待分析样品中各组分在流动相与固定相中相对溶解度的不同而将其分离开来。按照固定相与流动相极性的差异，可将液 – 液分配色谱分为正向分配色谱与反向分配色谱。当固定相的极性大于流动相极性时，为正向分配色谱，样品中组分流出的顺序为极性从小到大；当固定相的极性小于流动相极性时，为反向分配色谱，样品中组分流出的顺序为极性从大到小。

（2）液 – 固吸附色谱法。液 – 固吸附色谱的流动相是液体（通常为非极性），固定相是固态吸附剂，其依据待分析样品中各组分在固定相上吸附能力的不同而将其分离开来。当待测样品在流动相的带动下通过固定相时，由于待测样品中各组分的吸附能力不同，有的组分被吸附，有的组分脱附，从而起到分离的作用。在液－固吸附色谱中，官能团是决定吸附作用的一个主要因素，当组分与吸附剂性质相近时，容易被吸附，保留值高。由此可见，性质（官能团）差别较大的组分，采用液－固吸附色谱可以获得很好的分离效果，而性质相近的组分，分离效果较差。

（3）离子交换色谱法。离子交换色谱的固定相是离子交换树脂，树脂上有固定的离子基团和可电离的离子基团，当待测组分在流动相的带动下经过固定相时，固定相中可电离的离子基团与样品中具有相同电荷的离子进行交换，从而将树脂中具有不同亲和力的组分分离开来。

（4）离子色谱法。离子色谱的流动相是电解质溶液，固定相是离子交换树脂，检测器为电导检测器（为了消除电解质背景离子对电导检测器的干扰，通常设有抑制柱）。离子色谱分离原理是基于离子色谱柱（离子交换树脂）上可离解的离子与流动相中具有相同电荷的溶质离子之间进行的可逆交换和分析物溶质对交换剂亲和力的差别而被分离。其适用于亲水性阴、阳离子的分离。

（5）空间排阻色谱法。空间排阻色谱的固定相是具有化学惰性的多孔物质，流动相有水和有机溶剂两种。与上述几种色谱法不同，空间排阻色谱的分离机理是不同分子在多孔材料上受到的排斥力不同（称为排阻）。简单来说，其机理类似分子筛，但相较于分子筛而言，其孔径较大，一般为几纳米到几百纳米不等。在空间排阻色谱中，影响分离的因素为多孔材料的孔径以及溶质分子的体积，与气体因素无关。当流动相将待检测样品带到固定相中，由于有些组分的分子体积大于多孔材料的孔径，不能渗入孔内，而是被流动相带走，最先流出色谱柱；有些组分的分子体积中等大小，可以渗入孔径较大的孔隙中，但不能渗入孔径较小的孔隙中，其流出色谱柱的速度为中等速度；有些组分的分子体积较小，能够渗入所有的孔隙中，其流出色谱柱的速度最慢。由此实现了对不同组分的分离。

2. 高效液相色谱仪

高效液相色谱仪总体可分为三个部分：流动相供输系统、进样装置和色谱柱系统、检测和记录系统，具体如图 5-10 所示。

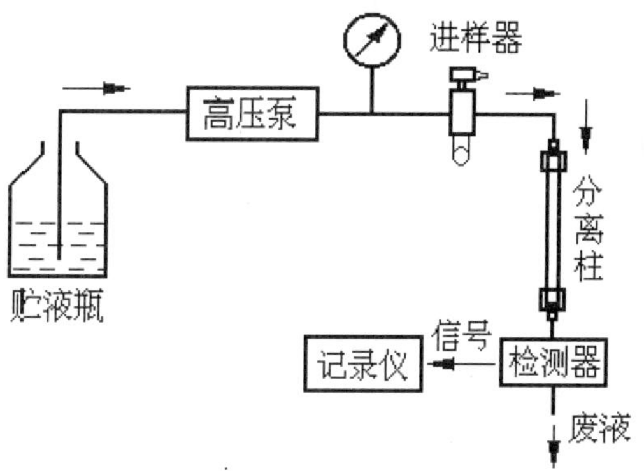

图 5-10　高效液相色谱仪示意图

（1）流动相供输系统。流动相供输系统包括贮液器、高压输液泵和梯度洗脱装置。

①贮液器。贮液器的作用是储存淋洗液，多为不锈钢或玻璃材质。通常淋洗液不能直接进入高压输液泵中，要先经过脱气处理，再经过过滤。过滤装置安装在贮液器与高压输液泵之间，其孔隙一般为 10 μm 左右。

②高压输液泵。高压泵的作用是将贮液器中的液体输送进系统。因为高效液相色谱所使用的色谱柱柱径较小，固定相的粒径也较小，所以需要较高的压力才能将流动相输送进系统。一般高效液相色谱仪高压泵的压力为（1.50 ~ 3.50）$\times 10^7$ Pa。

③梯度洗脱装置。梯度洗脱装置是使流动相中所含两种（或两种以上）不同极性的溶剂在分离过程中，按一定比例连续改变组成，从而使流动相强度按一定程序变化，以达到改变分离组分的分配比、提高分离效果和分辨能力、缩短分析时间的目的的一种装置。

（2）进样装置和色谱柱系统

①进样装置。目前常用的进样装置有微量注射器和进样阀两种。

②色谱柱。色谱柱按材质不同可分为不锈钢柱、铜柱、聚四氟乙烯柱等，其中不锈钢柱最为常用，但当样品对不锈钢产生腐蚀时，应选择其他材质的色谱柱。色谱柱通常为直形柱，柱长 10 ~ 100 cm。其内径有两种：制备型柱，内径为 6 ~ 10 mm；分析型柱，内径为 2 ~ 5 mm。

（3）检测和记录系统

高效液相色谱仪的检测与记录系统和气相色谱仪相似，都具有敏感度高、重复性好、线性范围宽、定量准确等特点。目前在高效液相色谱仪中使用的检测器种类有很多，常用的有五种：示差折光检测器、紫外光度检测器、荧光检测器、电导检测器和质谱检测器。

5.3 微波合成技术

5.3.1 微波合成法

1. 微波合成法概述

微波通常指频率范围在 300 MHz ～ 300 GHz 的电磁波，其波长在 1 mm ～ 1 m。微波在电磁波谱中的位置如图 5-11 所示。其中，家用微波炉使用的频率为 2 450 MHz，而工业加热使用的频率为 915 MHz。

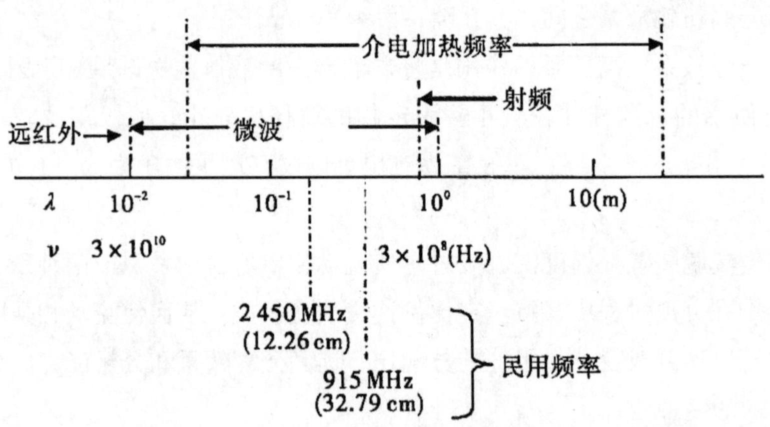

图 5-11　微波在电磁波谱中的位置

微波合成法就是利用微波加热速度快、加热均匀等特点，在微波条件下进行有机合成研究的技术。当前，有机、无机、高分子、材料等化学领域都开始运用微波合成技术，并取得了显著的成效，如沸石分子筛的合成、离子交换超导材料的合成、聚合物的合成等。

2. 微波合成法的特点

与传统的加热方式相比，微波加热具有如下特点：

（1）加热均匀，温度梯度小。微波加热的原理是通过被加热体内部偶极分子高频往复运动，产生“内摩擦热”而使被加热物质温度升高。这种分子水平的加热方式不但加热均匀，具有较高的加热效率，而且温度梯度小，可用于对温度梯度敏感的化学反应。

（2）可进行选择性加热。由于不同物质的介电常数不同，它们对微波的吸收能力也存在差异。通常情况下，介电常数小的物质较难用微波加热，而介电常数大的物质很容易用微波加热，可以利用这一点实现对物质的选择性加热。

（3）无滞后效应。当微波源关闭后，加热会立刻停止，不会像传统加热方式一样存在滞后效应。利用微波加热的这一特点，可使其应用于对温度控制要求较高的反应。

（4）安全无污染。利用微波辅助化学反应时，通常会在特殊的环境中进行，微波泄露极少，不会产生放射线危害；另外，微波加热也不会产生粉尘、废气等污染物，是一种非常安全的加热方式。

5.3.2 微波有机合成技术

与常规的有机合成反应不同，微波合成技术要在微波的辐射下进行，它需要特殊的反应技术。目前，微波合成技术主要有微波密闭合成技术、微波常压合成技术与微波连续合成技术三种。

1. 微波密闭合成技术

1986 年，Richard Gedye 等人首次将微波加热技术引入有机合成研究中，所采用的技术便是微波密闭合成技术，即将反应物置于反应器中，然后将反应器置于微波环境中进行加热。因为反应器为密闭环境，所以这里利用微波加热时能在短时间内获得高温、高压的特点，但高温与高压也容易使反应器发生爆炸，所以后续针对该技术进行了多次改进。

1991 年，Mingos 等人设计了可以调节反应釜内压力的密封罐式反应器，该装置可以有效控制反应器内的压力，但对温度的控制只能达到粗略控制的效果。

1995 年，Kevin D.Raner 等人设计了密闭体系下的微波间歇反应器（MRR），该反应装置的微波输出功率为 1.2 kW，容量可达 200 mL，压力可到 10 MPa，温度可达 260 ℃，能实现快速加热。该装置实现了对微波功率的无极调控，吸收和反射微波能的测量，负载匹配设计达到了最大的热效率，可直接测量反应体系的温度和压力。

2. 微波常压合成技术

1991 年，Bose 等人对微波常压技术进行了尝试：将反应物混合于长颈锥形瓶中，在锥形瓶口上盖上一个表面皿，然后将装置置于微波炉中，通过控制微波炉使反应体系的温度缓慢上升，最终成功合成了阿司匹林的中间产物。但对于一些反应物或溶剂易挥发的反应，存在着着火、爆炸的危险。

为了提高微波常压合成技术的安全性,Mingos 等人在微波炉上开了一个小孔，并通过小孔将反应装置（微波炉内）与冷凝回流装置（微波炉外）相连，在微波加热反应过程中，溶液可以安全地回流。

1992 年，刘福安等人在 Mingos 等人设计的装置基础上进行了改造，增加了搅拌和滴加系统，可以满足多种有机合成的要求，并且由于其操作简单，得到了广泛的应用。

3. 微波连续合成技术

在利用微波辅助化学反应时，如果能够控制反应液的流速，使其连续不断地通过微波炉进行反应，将会大大提高反应的效率。1990 年，Chen S 等人最早对微波连续合成技术进行了探索，设计出了微波连续反应装置，并利用该装置完成了对羟基苯甲酸与正丁醇、甲醇的酯化和蔗糖的酸性水解等反应，但该装置无法测量反应体现的温度。

1994 年，Cablenski 等人研制出了一套新的微波连续技术的反应装置，该系统的总体积约为 50 mL，盘管长约 3 m，加工速率约 1 L/h，停留时间为 1 ～ 2 min（流速约为 15 mL/ min），能在 200 ℃和 1 400 kPa 时正常运转。人们利用此装置已经成功进行了用丙酮制备丙三醇等反应，反应速率相较常规反应都得到了很大的提高。作为一种连续技术，其特别适用于加工一定量的原料及用于优化反应，并有利于组合化学的进一步应用，但对于含固体或高黏度的液体的反应、需要在低温条件下进行的反应及原料或反应物与微波能量不相容的反应（含金属或反应物主要为非极性有机物），此套微波连续反应装置无法进行。

附 录

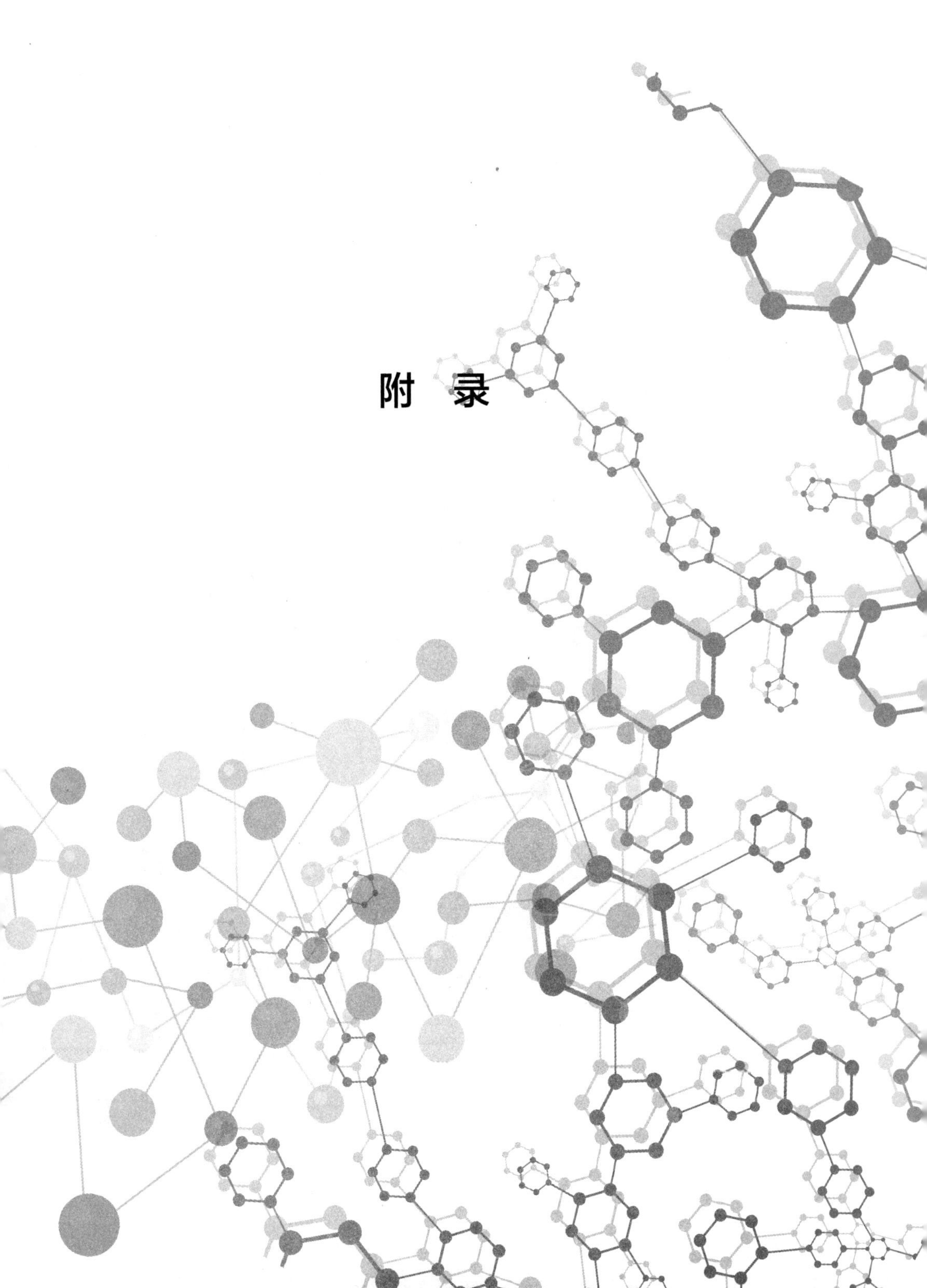

附录 1

表附录 1-1　国际原子量表

（按元素符号的字母顺序排列）

元素		原子量	元素		原子量
符　号	名　称		符　号	名　称	
Ac	锕	227.0	Mn	锰	54.94
Ag	银	107.9	Mo	钼	95.95
Al	铝	26.98	N	氮	14.01
Am	镅	243.1	Na	钠	22.99
Ar	氩	39.95	Nb	铌	92.91
As	砷	74.92	Nd	钕	144.2
At	砹	210.0	Ne	氖	20.18
Au	金	197.0	Ni	镍	58.69
B	硼	10.81	No	锘	259.1
Ba	钡	137.3	Np	镎	237.0
Be	铍	9.012	O	氧	16.00
Bi	铋	209.0	Os	锇	190. 2
Bk	锫	247.1	P	磷	30.97
Br	溴	79.9	Pa	镤	231.0
C	碳	12.01	Pb	铅	207.2
Ca	钙	40.08	Pd	钯	106.4
Cd	镉	112.4	Pm	钷	144.9

续 表

元素		原子量	元素		原子量
符号	名称		符号	名称	
Ce	铈	140.1	Po	钋	209.0
Cf	锎	251.0	Pr	镨	140.9
Cl	氯	35.45	Pt	铂	195.1
Cm	锔	247.1	Pu	钚	244.0
Co	钴	58.93	Ra	镭	226.0
Cr	铬	52.00	Rb	铷	85.47
Cs	铯	132.9	Re	铼	186.2
Cu	铜	63.55	Rh	铑	102.9
Dy	镝	162.5	Rn	氡	222.0
Er	铒	167.3	Ru	钌	101.1
Es	锿	252.1	S	硫	32.07
Eu	铕	152.0	Sb	锑	121.8
F	氟	19.00	Sc	钪	44.96
Fe	铁	55.85	Se	硒	78.96 ± 3
Fm	镄	257.1	Si	硅	28.09
Fr	钫	223. 0	Sm	钐	150.4
Ga	镓	69.72	Sn	锡	118.7
Gd	钆	157.3	Sr	锶	87.62
Ge	锗	72.63	Ta	钽	180.9
H	氢	1.008	Tb	铽	158.9
He	氦	4.003	Tc	锝	98.0
Hf	铪	178.5	Te	碲	127.6

续　表

元　素		原子量	元　素		原子量
符　号	名　称		符　号	名　称	
Hg	汞	200.6	Th	钍	232.0
Ho	钬	164.9	Ti	钛	47.87
I	碘	126.9	Tl	铊	204.4
In	铟	114.8	Tm	铥	168.9
Ir	铱	192.2	U	铀	238.0
K	钾	39.10	V	钒	50.94
Kr	氪	83.80	W	钨	183.8
La	镧	138.9	Xe	氙	131.29
Li	锂	6. 94	Y	钇	88.91
Lr	铹	262	Yb	镱	173.05
Lu	镥	175.0	Zn	锌	65.38
Md	钔	258	Zr	锆	91.22
Mg	镁	24.31			

注：以 ^{12}C=12 为基准。

附录 2

表附录 2–1　常见有机溶剂沸点、密度表

名　称	沸点 /℃	密　度	名　称	沸点 /℃	密　度
甲醇	64.70	0.7914	苯	80.10	0.878 7
乙醇	78.40	0.789 3	甲苯	110.60	0.866 9
正丁醇	117.25	0.809 8	二甲苯	140.00	
乙醚	34.60	0.713 8	硝基苯	210.80	1.203 7
丙酮	56.50	0.789 9	氯苯	132.00	1.105 8
乙酸	118.00	1.049 2	氯仿	62.00	1.483 2
乙酐	139.55	1.082 0	四氯化碳	76.80	1.594 0
乙酸乙酯	77.00	0.900 3	二硫化碳	46.30	1.263 2
乙酸甲酯	56.80	0.933 0	乙腈	81.60	0.785 4
丙酸甲酯	79.85	0.915 0	二甲亚砜	189.00	1.101 4
丙酸乙酯	99.10	0.891 7	二氯甲烷	40.00	1.326 6
二恶烷	101.10	1.033 7	1,2– 二氯乙烷	83.47	1.235 1

附录 3

部分共沸混合物的性质

表附录 3-1　二元共沸混合物的性质

混合物的组分	760 mmHg 时的沸点 /℃		质量分数 /%	
	纯组分	共沸物	第一组分	第二组分
水	100			
甲苯	110.8	84.1	19.6	81.4
苯	80.1	69.4	8.9	91.1
乙酸乙酯	77.1	70.4	8.2	91.8
正丁酸丁酯	12	90.2	26.7	73.3
异丁酸丁酯	5	87.5	19.5	80.5
苯甲酸乙酯	117.2	99.4	84.0	16.0
2- 戊酮	212.4	82.9	13.5	86.5
乙醇	102.25	78.2	4.4	95.6
正丁醇	78.4	92.4	38	62
异丁醇	117.8	90.0	33.2	9
仲丁醇	108.0	88.5	32.1	66.8
叔丁醇	99.5	79.9	11.7	67.9
苄醇	82.8	99.9	91	88.3
烯丙醇	205.2	88.2	27.1	72.9
甲酸	97.0	107.3（最高）	22.5	77.5
硝酸	100.8	120.5（最高）	32	68
氢碘酸	86.0	127（最高）	43	57
氢溴酸	−34	126（最高）	52.5	47.5
氢氯酸	−67	110（最高）	79.76	20.2
乙醚	−84	34.2	1.3	98.7
丁醛	34.5	68	6	94
三聚乙醛	75.7	91.4	30	70
乙酸乙酯	115			
二硫化碳	77.1	46.1	7.3	92.7
	46.3			

续 表

混合物的组分	760 mmHg 时的沸点 /℃		质量分数 /%	
	纯组分	共沸物	第一组分	第二组分
己烷	69			
苯	80.2	68.8	95	5
氯仿	61.2	60.8	28	72
丙酮	56.5			
二硫化碳	46.3	39.2	34	66
异丙醚	69.0	54.2	61	39
氯仿	61.2	65.5	20	80
四氯化碳	76.8			
乙酸乙酯	77.1	74.8	57	43

①加粗字体为第一组分。

② 760 mmHg=101.325 kPa。

表附录 3-2　三元共沸混合物的性质

第一组分		第二组分		第三组分		沸点 /℃
名称	质量分数 /%	名称	质量分数 /%	名称	质量分数 /%	
水	7.8	乙醇	9.0	乙酸乙酯	83.2	70.0
水	4.3	乙醇	9.7	四氯化碳	86.0	61.8
水	7.4	乙醇	18.5	苯	74.1	64.9
水	7	乙醇	17	环己烷	76	62.1
水	3.5	乙醇	4.0	氯仿	92.5	55.5
水	7.5	异丙醇	18.7	苯	73.8	66.5
水	0.81	二硫化碳	75.21	丙酮	23.98	38.042

附录 4

表附录 4-1 有机物正别名对照表

化学名	别　名	化学名	别　名
5- 羟基 -2- 羟甲基 -1，4- 吡喃酮	曲酸	β- 苯丙烯酸	肉桂酸
吡啶 -3- 甲酸	烟酸	反丁烯二酸	富马酸
N- 甲基胍基乙酸	肌酸	一缩二乙二醇	二甘醇
乙二酸	草酸	3，4，5- 三羟基苯甲酸	没食子酸
1,2,3- 丙三醇	甘油	α- 呋喃甲醇	糠醇
2- 羟基丙酸	乳酸	邻苯二酚	儿茶酚
己二酸	肥酸	连苯三酚	焦性没食子酸
呋喃甲醛	糠醛	2- 丁烯醛	巴豆醛
甲酸	蚁酸	十二烷酸	月桂酸
2- 羟基丙烷 -1,2,3- 三羧酸	柠檬酸	顺丁烯二酸	马来酸
2- 羟基苯甲酸	水杨酸	苯甲酸	安息香酸
2,4- 己二烯酸	山梨酸	六亚甲基四胺	乌洛托品

附录 5

表附录 5-1　水的饱和蒸汽压力表

t/℃	p/Pa	t/℃	p/Pa
0	610.481	29	4 005.39
1	656.744	30	4 242.84
2	705.807	31	4 492.28
3	757.936	32	4 754.66
4	813.398	33	5 031.11
5	872.326	34	5 319.28
6	934.987	35	5 622.86
7	1 001.56	40	7 375.91
8	1 072.58	45	9 583.19
9	1 147.77	50	12 333.6
10	1 227.76	55	15 737.3
11	1 312.42	60	10 915.6
12	1 402.28	65	25 003.2
13	1 497.34	70	31 157.4
14	1 598.13	75	38 543.4
15	1 704.92	80	47 342.6
16	1 817.71	85	57 808.4
17	1 937.17	90	70 095.4
18	2 063.42	91	72 800.5
19	2 196.75	92	75 592.2
20	2 337.80	93	78 473.3
21	2 486.46	94	81 446.4
22	2 643.38	95	84 512.8
23	2 808.83	96	87 675.2
24	2 983.35	97	90 934.9
25	3 167.72	98	94 294.7
26	3 360.91	99	97 757.0
27	3 564.90	100	101 324.7
28	3 779.55		

附录 6

常用酸碱溶液密度与溶解度

表附录 6-1　盐酸的密度与溶解度

质量 /%	密度（ρ_4^{20}）	溶解度 (g/100 mL 水)	质量 /%	密度（ρ_4^{20}）	溶解度 (g/100 mL 水)
1	1.003 2	1.003	22	1.108 3	24.38
2	1.008 2	2.016	24	1.118 7	26.85
4	1.018 1	4.072	26	1.129 0	29.35
6	1.027 9	6.167	28	1.139 2	31.90
8	1.037 6	8.301	30	1.149 2	34.48
10	1.047 4	10.47	32	1.159 3	37.10
12	1.057 4	12.69	34	1.169 1	39.75
14	1.067 5	14.95	36	1.178 9	42.44
16	1.077 6	17.24	38	1.188 5	45.16
18	1.087 8	19.58	40	1.198 0	47.92
20	1.098 0	21.96			

表附录 6-2　氢氧化钠溶液的密度与溶解度

质量 /%	密度（ρ_4^{20}）	溶解度(g/100 mL 水)	质量 /%	密度（ρ_4^{20}）	溶解度 (g/100 mL 水)
1	1.009 5	1.010	26	1.284 8	33.40
5	1.053 8	5.269	30	1.327 9	39.84

续　表

质量 /%	密度（ρ_4^{20}）	溶解度(g/100 mL 水)	质量 /%	密度（ρ_4^{20}）	溶解度(g/100 mL 水)
10	1.108 9	11.09	35	1.379 8	48.31
16	1.175 1	18.80	40	1.430 0	57.20
20	1.279 1	24.38	50	1.525 3	76.27

表附录 6-3　碳酸钠溶液的密度与溶解度

质量 /%	密度（ρ_4^{20}）	溶解度(g/100 mL 水)	质量 /%	密度（ρ_4^{20}）	溶解度(g/100 mL 水)
1	1.008 6	1.009	12	1.124 4	13.49
2	1.019 0	2.038	14	1.146 3	16.05
4	1.039 8	4.159	16	1.168 2	18.69
6	1.060 6	6.364	18	1.190 5	21.43
8	1.081 6	8.653	20	1.213 2	24.26
10	1.102 9	11.03			

表附录 6-4　硫酸的密度与溶解度

质量 /%	密度（ρ_4^{20}）	溶解度(g/100 mL 水)	质量 /%	密度（ρ_4^{20}）	溶解度(g/100 mL 水)
1	1.005 1	1.005	70	1.610 5	112.7
2	1.011 8	2.024	80	1.727 2	138.2
3	1.018 4	3.055	90	1.814 4	163.3
4	1.025 0	4.100	91	1.819 5	165.6
5	1.031 7	5.159	92	1.824 0	167.8

续 表

质量 /%	密度（ρ_4^{20}）	溶解度（g/100 mL 水）	质量 /%	密度（ρ_4^{20}）	溶解度（g/100 mL 水）
10	1.066 1	10.66	93	1.827 9	170.0
15	1.1020	16.53	94	1.8312	172.1
20	1.1394	22.79	95	1.8337	174.2
25	1.1783	29.46	96	1.8355	176.2
30	1.2185	36.56	97	1.8364	178.1
40	1.3028	52.11	98	1.8361	179.9
50	1.3951	69.76	99	1.8342	181.6
60	1.4983	89.90	100	1.8305	183.1

附录 7

表附录 7-1　酸碱指示剂配制

指示剂名称	pH 变色范围	颜色变化	溶液配制方法
甲基橙	3.1 ～ 4.4	红→黄	0.1 g 指示水溶于 100 mL 水
溴酚蓝	3.0 ～ 4.6	黄→蓝	0.1 g 指示剂溶于 100 mL 20% 乙醇
刚果红	3.0 ～ 5.2	蓝紫→红	0.1 g 指示水溶于 100 mL 水
溴甲酚绿	3.8 ～ 5.4	黄→蓝	0.1 g 指示剂溶于 100 mL 20% 乙醇
甲基红	4.4 ～ 6.2	红→黄	0.1 g 或 0.2 g 指示剂溶于 100 mL 60% 乙醇
溴酚红	5.0 ～ 6.8	黄→红	0.1 g 或 0.04 g 指示剂溶于 100 mL 20% 乙醇
溴百里酚蓝	6.0 ～ 7.6	黄→蓝	0.05 g 指示剂溶于 100 mL 20% 乙醇
中性红	6.8 ～ 8.0	红→亮黄	0.1 g 指示剂溶于 100 mL 60% 乙醇
甲酚红	7.2 ～ 8.8	亮黄→紫红	0.1 g 指示剂溶于 100 mL 50% 乙醇
酚酞	8.2 ～ 10.0	无色→紫红	0.1 g 指示剂溶于 100 mL 60% 乙醇

参考文献

[1] 熊万明，聂旭亮．有机化学实验 [M]. 北京：北京理工大学出版社，2020.

[2] 姜慧君，厉廷有．有机化学实验 [M]. 南京：江苏凤凰科学技术出版社，2019.

[3] 任玉杰．有机化学实验 [M]. 上海：华东理工大学出版社，2010.

[4] 焦家俊．有机化学实验 [M]. 上海：上海交通大学出版社，2010.

[5] 林素英．有机化学实验 [M]. 厦门：厦门大学出版社，2019.

[6] 许苗军，李莉，姜大伟．有机化学实验 [M]. 北京：中国农业大学出版社，2017.

[7] 徐森．有机化学实验 [M]. 西安：西北工业大学出版社，2016.

[8] 吴景梅，王传虎．有机化学实验 [M]. 合肥：安徽大学出版社，2016.

[9] 赵骏，杨武德．有机化学实验 [M]. 北京：中国医药科技出版社，2015.

[10] 张坐省．有机化学实验 [M]. 西安：西北大学出版社，2010.

[11] 王玉民，张昌军．有机化学实验 [M]. 济南：山东教育出版社，2011.

[12] 申东升．有机化学实验 [M]. 北京：中国医药科技出版社，2014.

[13] 马俊．有机化学实验 [M]. 北京：中国医药科技出版社，2014.

[14] 郗英欣，白艳红．有机化学实验 [M]. 西安：西安交通大学出版社，2014.

[15] 姜玉春，林觅，葛春华．有机化学实验 [M]. 沈阳：辽宁大学出版社，2014.

[16] 庞金兴，袁昇．有机化学实验 [M]. 武汉：武汉理工大学出版社，2014.

[17] 章鹏飞．有机化学实验 [M]. 杭州：浙江大学出版社，2013.

[18] 孙燕，王磊．有机化学实验 [M]. 杭州：浙江大学出版社，2013.

[19] 赵斌．有机化学实验 [M]. 青岛：中国海洋大学出版社，2013.

[20] 余天桃．有机化学实验 [M]. 济南：山东人民出版社，2013.

[21] 毕灵玲．有机化学实验 [M]. 北京：中国农业大学出版社，2013.

[22] 彭松，林辉．有机化学实验 [M]. 北京：中国中医药出版社，2013.
[23] 史高杨．有机化学实验 [M]. 合肥：合肥工业大学出版社，2015.
[24] 刘良先，陈正旺．有机化学实验 [M]. 上海：上海交通大学出版社，2015.
[25] 范望喜．有机化学实验 [M]. 武汉：华中师范大学出版社，2015.
[26] 雷文．有机化学实验 [M]. 上海：同济大学出版社，2015.
[27] 林璇．有机化学实验 [M]. 厦门：厦门大学出版社，2012.
[28] 朱文庆．有机化学实验 [M]. 西安：西北工业大学出版社，2011.
[29] 谢文林，刘汉文．有机化学实验 [M]. 湘潭：湘潭大学出版社，2012.
[30] 郭艳玲，刘雁红，程绍玲．有机化学实验 [M]. 天津：天津大学出版社，2018.
[31] 徐元清，王玉霞．有机化学实验 [M]. 开封：河南大学出版社，2017.
[32] 陆嫣，刘伟．有机化学实验 [M]. 成都：电子科技大学出版社，2017.
[33] 何树华，朱云云，陈贞干．有机化学实验 [M]. 武汉：华中科技大学出版社，2012.
[34] 张敏，陈杰，黄培刚，等．有机化学实验 [M]. 上海：上海大学出版社，2012.
[35] 江波．有机化学实验 [M]. 西安：第四军医大学出版社，2011.
[36] 孙才英，于朝生．有机化学实验 [M]. 哈尔滨：东北林业大学出版社，2012.
[37] 查正根．有机化学实验 [M]. 合肥：中国科学技术大学出版社，2019.
[38] 龙小菊，范宏，姜建辉．有机化学实验 [M]. 天津：天津科学技术出版社，2018.